前　　言

　　随着生活水平的提高，人们的衣、食、住、行都起了很大的变化，家居节能、环保已引起人们的广泛关注。人们开始把一种新的观念注入生活——"绿色生活"。

　　绿色，代表生命健康和活力，是充满希望的颜色。国际上对"绿色"的定义通常包括生命、节能、环保三个方面。提倡"绿色生活"，就是在日常生活中，从身边的每一件小事做起，在生活中处处体现关爱生命、节约能源、保护生存环境的理念。

　　那么面对"绿色生活"，我们该如何去关爱生命、节约能源、保护我们的环境呢？

　　在地球上一切有生命的动植物，还有我们人类自己都要去保护自身生命安全，因为我们是一个整体。"唇亡齿寒，户破堂危"，如果人类在生存的这个大环境中只顾自己的一时利益，而忽略了其他生物的生命，那么迟早有一天会危害到人类自身的生存与发展。要保障人类的持续、长久发展，我们必然要面对的一是能源问题，二是环境问题。

　　人类社会文明的发展无不是依靠能源作为基础。人们在日常生活中的衣食住行更是离不开能源，生活水平的不断提高加剧了我们对能源的依赖。越来越多的家用电器，越来越多的汽车，都在消耗着有限的能源。过去，我们常接受这样的教育：我们的国家地大物博、物产丰富。可是，我们同时拥有庞大的人口，各种常规能源资源人均占有量远低于世界平均水平。有关资料显示，我国人均水资源占有量仅 2163 立方米，为世界平均水平的 1/4；石油的人均储量也较低……这些信息向我们表明：能源不是取之不尽、用之不竭的，节约能源、合理利用能源成为我们实现可持续发展的必然途径。虽然我

国拥有世界第二大能源系统,但是人均资源却是相对有限的。随着社会的发展,我国能源需求正以前所未有的、远高于 GDP 增长的速度急剧增加,煤、电、油、运全面紧张,进口石油大幅增加。能源供需正面临着严峻挑战:人均资源相对不足,人均能耗低而单位产值能耗高。要想改变这个现状,只靠政府或者某些企业是不行的,要靠我们每个人的努力,从日常生活中的点点滴滴做起。生活中一些习以为常的细节,常常造成能源的惊人浪费,仅以水为例:一个没关紧的水龙头,一个月可以流掉 1 ~ 6 立方米水;一个漏水的马桶,一个月要流掉 3 ~ 25 立方米水;一个城市如果有 60 万个水龙头关不紧、20 万个马桶漏水,一年可损失上亿立方米的水。一盏节能灯和一个普通的白炽灯泡相比要节省很多电;好的电脑使用习惯也能省电,等等。生活中诸如此类的事情还有很多。当然,在我们关注节能的同时还要做到环保。环境问题跟能源问题同样也成为今天阻碍社会发展的一大问题。大气污染、水污染、臭氧空洞、全球变暖等等,这些问题很大程度上是人类追求一时的发展而造成的。面对这些问题我们光靠节能还不够,还要做到环保。因此,掌握一些节能、环保小常识是十分必要的。

随着全社会对节能及环保的重视,如何在日常生活中节能成为普通大众关注的焦点。本书主要是从家居生活入手,从日常居家生活的各个方面向普通大众提供了节能、环保的巧招妙计,用浅显的语言为读者在日常居家生活中做到节能、环保提供了很好的帮助。

REN YU HUANJING ZHISHI CONGSHU

人与环境知识丛书

家居节能、环保常识

刘芳 主编

"人与环境知识丛书"是一套科普图书，旨在通过
介绍与人类生产、生活以及生命健康密切
相关的环境问题向大众普及环境知识，
提高大众对环保问题的重视

ARTTIME
时代出版
时代出版传媒股份有限公司
安徽文艺出版社

图书在版编目（CIP）数据

家居节能、环保常识 / 刘芳主编. — 合肥：安徽
文艺出版社，2012.2（2024.1 重印）
（时代馆书系·人与环境知识丛书）
ISBN 978-7-5396-3971-0

Ⅰ.①家… Ⅱ.①刘… Ⅲ.①节能－青年读物②节能－
少年读物③环境保护－青年读物④环境保护－少年读物
Ⅳ.①TK01-49②X-49

中国版本图书馆 CIP 数据核字 (2011) 第 248060 号

家居节能、环保常识

JIAJU JIENENG、HUANBAO CHANGSHI

....

出 版 人：朱寒冬
责任编辑：姚爱云　　　　　　装帧设计：三棵树　文艺

....

出版发行：安徽文艺出版社　www.awpub.com
地　　址：合肥市翡翠路 1118 号　邮政编码：230071
营 销 部：(0551)3533889
印　　制：唐山富达印务有限公司　电话：(022)69381830

....

开本：700×1000　1/16　印张：10　字数：143 千字
版次：2012 年 2 月第 1 版
印次：2024 年 1 月第 10 次印刷
定价：48.00 元

....

目　录

家电篇

装修篇

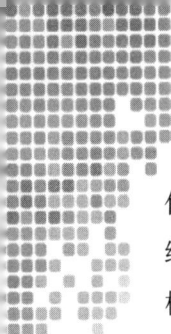

饮食篇

家电篇

第一节　家用电器与环境污染

新型垃圾——电子废弃物

电子废弃物是各种接近其使用寿命终点的电子设备的总称，包括废旧的电脑、移动电话、电视机、VCD 机、音箱、复印机、传真机等常用电子产品。由于技术进步和价格的下降，这类产品有不少在远未达到实际使用寿命的时候就面临被用户淘汰的命运，所以俗称"电子垃圾"。

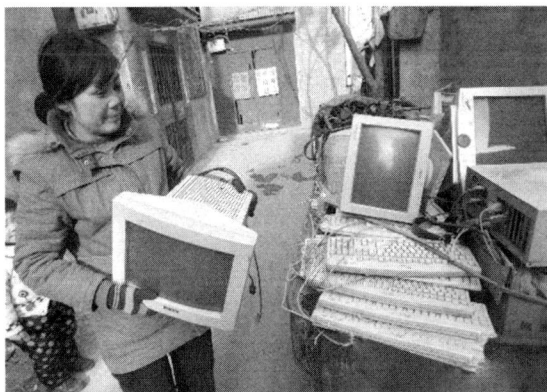

迅速淘汰的电子垃圾无处搁置

全球电子产业的快速发展，促进了产品的更新换代频率加快。我国综合国力的提升，使得我国电子产品产量和持有量呈快速增长趋势。中华人民共和国国家统计局 1994 年～2004 年国民经济和社会发展统计公报显示，10 年间电视机生产总量达到 2.86 亿台，电冰箱 1.08 亿台，空调 1.7 亿台，移动电话 5.35 亿部，电脑近 1 亿台，集成电路更是达到 594 亿块。大量电子产品生产和销售的同时也意味着更多产品被淘汰。我国从 2003 年起迎来一个家电更新换代的高峰。而实际上随着科技和经济的发展，电器的实际报废期限也在缩短，如一台电脑的报废周期由过去的 10 年缩短为 4 年，手机不到 2 年就会被淘汰。从 2004 年起，我国报废的电视机平均每年至少在 1000 万台以上，洗衣机平均 500 万台，电冰箱约 600 万台，手机 1000 万部，加上空调、电脑和其他电子产品，中国电子废弃物的数量将以每年 5%～10% 的速度迅速增加。如此大量的电子废弃物，应该有很大一部分被重新使用、翻新或利用其组成材料。然而，现实情况是重复利用的速度远远赶不上垃圾产生的速度。如何妥善解决电子废弃物的处理问题已经成为伴随着电子信息产业发展的一个不容忽视的现实课题。电子废弃物不仅数量巨大，而且危害严重，处理不当就会对人和环境造成严重危害。

电子废弃物竟如此危险

电子废弃物是毒物的集大成者。如一台 15 英寸的 CRT 电脑显示器就含有镉、汞、六价铬、聚氯乙烯塑料和溴化阻燃剂等有害物质。电脑的电池和开关含有铬化物和汞，电脑元器件中还含有砷、汞和其他多种有害物质。电视机、电冰箱、手机等电子产品也都含有铅、铬、汞等重金属。激光打印机和复印机中含有碳粉等。

电子废弃物不同于日常生活中产生的垃圾，更不能用处理普通垃圾的方式来处理电子废弃物。如果将废旧电子产品作为一般垃圾丢弃到荒野或垃圾堆填区域，其所含的铅等重金属就会渗透、污染土壤和水质，经植物、动物及人的食物链循环，最终造成中毒事件的发生；如果对电子废弃物进行焚烧，又会释放出二噁英等大量有害气体，威胁我们的身体健康。

氟利昂带来的环境问题

氟利昂是一个大的类别，包括 CFC（氯氟烃）、HCFC（含氢的氯氟烃）、HFC（含氢氟烃）、FC（全氟烃）、哈龙（含臭氯氟烃）几类。它们的热力性质有很大的区别，但又有许多共同的优点，比如安全无毒、性质稳定、容易制造，最重要的是沸点很低，容易气化，因此经常被作为制冷剂、发泡剂和清洗剂，广泛用于家用电器、泡沫塑料、日用化学品、汽车、消防器材等领域。20 世纪 90 年代，氟利昂得到了广泛的应用。

这些物质对臭氧层的破坏能力有大有小，其中氯氟烃、哈龙对臭氧层有明显破坏作用，是当前淘汰的重点。由于它们在大气中的平均寿命达数百年，所以排放的大部分仍留在大气层中，其中大部分仍然停留在对流层，一小部分升入平流层。在对流层相当稳定的氟利昂，上升进入平流层后，在一定的气象条件下，会在强烈紫外线的作用下

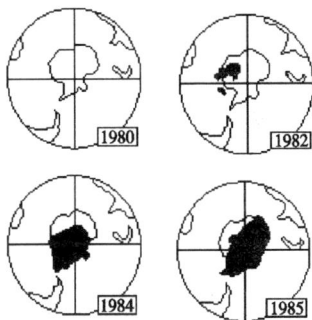

南极上空臭氧层逐年变薄,阴影部分代表探测出的臭氧空洞

南极上空臭氧空洞逐渐变薄

被分解，分解释放出的氯原子同臭氧会发生化学反应，不断破坏臭氧分子。据科学家估计，一个氯原子可以破坏数万个臭氧分子。根据资料显示，2003 年臭氧空洞面积已达 2500 万平方千米。而位于大气平流层中的臭氧，能吸收太阳辐射的高能紫外线，是保护地球免受太阳紫外线等宇宙辐射的防御体系。当臭氧层被大量损耗后，吸收紫外线辐射的能力会大大减弱，导致到达地球表面的紫外线明显增加，容易引发白内障、皮肤癌之类的疾病。据分析，平流层臭氧减少 0.01%，全球白内障的发病率将增加 0.6% ~0.8%，即意味着因此引起失明的人数将增加 1 万 ~1.5 万。同时过量的紫外线照射还会破坏人类

及其他生物的免疫系统和生育能力，给人类健康和生态环境带来多方面的危害。

降低碳排放，走进低碳生活

碳排放是关于温室气体排放的一个总称。温室气体中最主要的气体是二氧化碳，因此用"碳"字作为代表。但这并不是说碳排放仅限于二氧化碳，而是指以二氧化碳为主的温室气体的排放。虽然并不准确，但作为让大家最快了解的方法就是简单地将"碳排放"理解为"二氧化碳排放"。多数科学家和各国政府承认温室气体已经并将继续给地球和人类带来灾难，如温室效应、海平面上升、恶劣天气现象的增加等。所以控制碳排放就成了大多数国家和政府所要面对的问题。当然，最重要的是我们每个人要从身边的每件小事做起，减少碳排放。

因海平面上升人们不得不搬离家园

我们在日常生活中一直都在排放二氧化碳，那么该如何减少碳排放，使我们进入一种"低碳生活"呢？"物美价廉"是每个消费者购物的基本理念，但是在我们的地球已经不堪重负的今天，如果你在自己的购物标准中加上一条碳排放的尺度，减少不必要的消费，那就完全有理由为自己减轻了碳排放而骄傲。在家居生活中电器是碳排放的大头，所以在选择家电时尽量选择节能环保型、低碳排放的家电。如节能灯泡，11 瓦的节能灯就相当约 80 瓦白炽灯的照明度，使用寿命更比白炽灯长 6 ~ 8 倍，不仅大大减少用电量，还节约了更多资源，省钱又环保。购买节能冰箱时，购买那些只含有少量或者不含氟利昂的绿色环保冰箱。丢弃旧冰箱时打电话请厂商协助清理氟利昂。选择有"能效标志"的冰箱、空调和洗衣机，能效高，省电又省钱。在使用空调时要合理设置温度。空调的温度在夏天设为26℃左右，冬天设为18℃~20℃对人体健康比较有利，同时还可大大节约能源。除此之外，我们购买和使用其他家电时也要注意降低碳排放，因为这是我们每个人都应该履行的义务。

相关链接

电子垃圾变废为宝

事实上，电子废弃物中含有很多可回收再利用的有色金属、黑色金属、玻璃等物质。严格意义上讲，这些电子废弃物不应称为电子垃圾，而应称作电子旧货。有研究分析结果显示，1吨随意搜集的电子板卡中，可以分离出2861磅铜、11磅黄金、441磅锡，其中仅11磅黄金的价值就是6000美元。可以说，电子垃圾中蕴藏着巨大商机，如果将电子垃圾中含有的金、银、铜、锡、铬、铂、钯等贵金属"拆"出来，将是一笔不可估量的财富。废旧电脑中的中央处理器、散热器、硬盘驱动器等元件富含铜、银、黄金、铝等贵金属；电脑外壳、电源线、键盘、鼠标中也富含铜和塑料；空调、冰箱的外壳，制冷系统中含有成分比较单一的铁、铝、铜、塑料；其他的如取暖器具、清洁器具、厨房器具、整容器具、熨烫器具同样富含铁、塑料等。日本横滨金属公司对报废手机成分进行分析发现，平均每100克手机机身中含有14克铜、0.19克银、0.03克金和0.01克钯；另外从手机锂电池中还能回收金属锂。该公司通过从报废手机中回收多种贵金属，获得相当可观的经济效益。

电子废弃物中所蕴含的金属，尤其是贵金属，其品位是天然矿藏的几十倍甚至几百倍，回收成本一般低于开采自然矿床。譬如，1吨旧手机废电池，可以提炼出100克黄金，而普通的含金矿石，每吨只能提取6克，

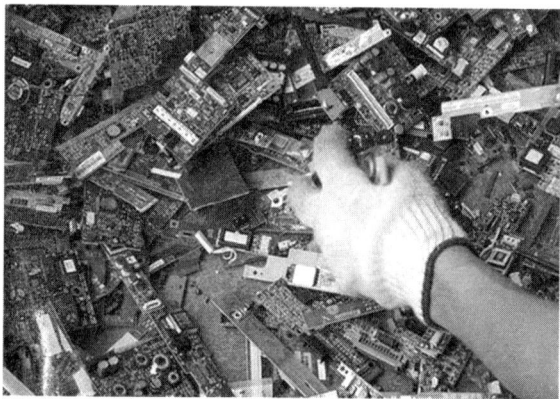

人们从电子垃圾中淘宝

多者不过几十克。可以说，旧手机是一种品位相当高的"金矿石"。在电路板中，最多的金属是铜，此外还有金、铝、镍、铅、硅等，其中不乏稀有金属。有统计数据表明，每吨废电路板含金量达到1000克左右。随着工艺水平提高，现在每吨废电路板已能够提炼出300克金，市价约合3万元。美国环保局确认，用从废家电中回收的废钢代替通过采矿、运输、冶炼得到的新钢材，可减少97%的矿废物，减少86%的空气污染、76%的水污染，减少40%的用水量，节约90%的原材料、74%的能源，而且废钢材与新钢材的性能基本相同。

第二节　家电辐射与人体健康

电磁污染是如何产生的

电荷产生电场，电流产生磁场。电场和磁场是相互联系、相互作用、同时存在的，二者的总和即为电磁场。二者交互变换产生电磁波，电磁波向空中发射或汇汛的现象叫电磁辐射。电磁波的频率越高，波长就越短，越容易产生电磁辐射。

过量的电磁辐射就会变成电磁污染。电磁污染有天然和人为两种来源。天然电磁污染是某些自然现象，如雷电引起的。火山喷发、地震和太阳黑子活动引起的磁暴会产生电磁干扰。天然电磁污染对短波通讯干扰尤为严重。人为电磁污染源包括：脉冲放电，如火花放电；工频交变电磁场，如大功率电机、变压器、输电线附近等；射频电磁辐射，如广播、电视、微波通讯等。

随着经济的发展和物质文化生活水平的不断提高，各种家用电器——电视机、空调、电冰箱、电风扇、洗衣机、组合音响等已经相当普及，这些家电设备的射频功率也成倍增加。各种家用电器和电子设备在使用过程中会产生多种不同波长和频率的电磁波，形成电磁辐射，造成一定程度的电磁污染，直接威胁人体健康。

电磁辐射和电磁辐射污染的区别

电磁辐射是由空间共同移送的电能量和磁能量所组成，而该能量是由电荷移动所产生。比如说，正在发射讯号的射频天线所发出的移动电荷，便会产生电磁能量。电磁"频谱"包括形形色色的电磁辐射，从极低频的电磁辐射至极高频的电磁辐射。而地球本身就是一个大磁场，当磁场和电场交互作用时便形成电磁辐射。电磁辐射无时、无处不在。电磁辐射并没有想象中的那么可怕，只有在能量达到一定数值时，才会成为电磁污染，才会对人体产生伤害。人体自身的调节能力完全可以抵消少量辐射的影响。

电磁辐射污染主要是指射频电磁辐射达到一定程度所造成的一种污染。射频电磁辐射分为长波、中波、短波和微波辐射。射频电磁辐射主要发生于无线电广播、电视通讯、雷达探测等电子设备，根据其频率的不同，产生不同的电磁辐射，对周围地区造成不同程度的污染。大功率的电磁辐射对人体有明显的伤害和破坏作用。微波辐射对人的危害尤为严重，会导致头疼、失眠、记忆力衰退、血压升高或下降、心脏出现界限性异常等症状。如在电磁辐射超强度的环境下长期作业，严重的可能引起白内障，甚至致癌。

电磁辐射对人体产生的危害

电磁辐射对人体的危害大致有以下两个方面：

电视
辐射位置：人体、家居环境
作用跟离：150cm-300cm
作用强度：较弱 ★

电脑
辐射位置：人体、眼睛、大脑
作用跟离：30cm-50cm
作用强度：较强 ★★★

手机
辐射位置：大脑
作用跟离：零跟离
作用强度：较强 ★★★

普通高频护眼灯
辐射位置：眼睛、大脑
作用跟离：20cm-30cm
作用强度：很强 ★★★★

电磁辐射危害大

1. 电磁辐射极可能是造成儿童患白血病的原因之一。医学研究证明，长期处于高电磁辐射的环境中，会使血液、淋巴液和细胞原生质发生改变。意大利专家研究后认为，该国每年有 400 多名儿童患白血病，其主要原因是距离高压线太近，受到了严重的电磁污染。

2. 电磁辐射能够引发多种疾病，并加速人体的癌细胞增殖。电磁辐射污染会影响人类的生殖系统，表现为男子精子质量降低，孕妇自然流产和胎儿畸形等。对免疫系统和神经系统等也会产生影响，如人体免疫功能下降，心律不齐，失眠，部分女性经期紊乱。电磁辐射还会对人们的视觉系统有不良影响。由于眼睛属于人体对电磁辐射的敏感器官，过高的电磁辐射污染会引起视力下降、白内障等。高剂量的电磁辐射还会影响及破坏人体原有的生物电流和生物磁场，使人体内原有的电磁场发生异常。值得注意的是，不同的人或同一个人在不同年龄阶段对电磁辐射的承受能力是不一样的，老人、儿童、孕妇属于对电磁辐射的敏感人群。

当电磁辐射达到一定程度时还会诱发癌症，并会加速人体的癌细胞增殖。美国一个医学基金会曾做过一个遭受电磁辐射损伤的病人的抽样化验，结果显示，在高压线附近工作的工人，其癌细胞生长速度比一般人要快24倍。

容易被人忽视的三种家电辐射

（一）电脑的辐射危害

电脑所散发出的辐射电波往往被人们忽视。依国际 MPR II 防辐射安全规定：在50厘米距离内必须小于等于25伏特/米的辐射暴露量。

但是您知道电脑的辐射量是多少吗？

电脑的辐射量：键盘1000伏特/米、鼠标450伏特/米、屏幕218伏特/米、主机170伏特/米、笔记本电脑2500伏特/米。

此外，辐射电磁波对人体有八大伤害：

1. 促进细胞癌化；

2. 荷尔蒙不正常；

3. 钙离子激烈流失；

4. 引发痴呆症；

5. 异常妊娠，异常生产；

6. 引发高血压、心脏病；

7. 电磁波过敏症；

8. 自杀者的增加。

除此之外，在使用电脑时还要注意以下危害：

1. 电脑辐射污染会影响人体的循环系统、免疫、生殖和代谢功能，严重的还会诱发癌症，并会加速人体的癌细胞增殖。

2. 影响人们的生殖系统。主要表现为男子精子质量降低、孕妇自然流产和胎儿畸形等。

3. 影响人们的心血管系统。表现为心悸、失眠，部分女性经期紊乱，心动过缓，心搏血量减少，窦性心律不齐，白细胞减少，免疫功能下降等。

4. 对人体的视觉系统有不良影响。

电脑辐射不仅危害人体的健康，而且影响到人们的工作的质量和效率。对于生活紧张而忙碌的人群来说，抵御电脑辐射最简单的办法就是在每天上午喝2~3杯绿茶，吃一个橘子。茶叶中含有丰富的维生素A原，它被人体吸收后，能迅速转化为维生素A。维生素A不但能合成视紫红质，还能使眼睛在暗光下看东西更清楚，因此，绿茶不但能消除电脑辐射的危害，还能保护和提高视力。如果不习惯喝绿茶，菊花茶同样也能起到抵抗电脑辐射和调节身体功能的作用。

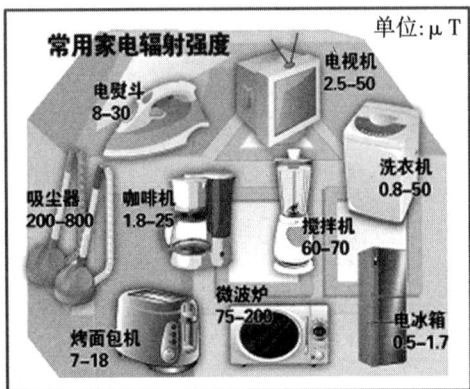

常用家电电磁辐射强度

（二）手机的辐射危害

随着无线通讯技术的发展，使用手机的人越来越多，而手机带来的健康问题也引起了人们更多的关注。手机的辐射到底对人体有多大危害，如何把危害的程度降到最低，成了手机用户最关心的问题。

当人们使用手机时，手机会向发射基站传送无线电波，而无线电波或多或少地会被人体吸收，这些电波就是手机辐射。一般来说，手机待机时辐射较小，通话时辐射大一些，而在手机号码已经拨出而尚未接通时，辐射最大，辐射量是待机时的 3 倍左右。这些辐射有可能改变人体细胞组织，对人体健康造成不利影响。

手机别放在枕边。据中国室内装饰协会室内环境监测工作委员会的赵玉峰教授介绍，手机辐射对人的头部危害较大，它会对人的中枢神经系统造成机能性障碍，引起头痛、头昏、失眠、多梦和脱发等症状，有的人面部还会有刺痛感。在美国和日本，已有不少疑似因手机辐射而导致脑瘤的案例。美国马里兰州一名患脑癌的男子认为使用手机使他患上了癌症，于是对手机制造商提起了诉讼。欧洲防癌杂志所发表的一篇研究报告也指出，长期使用手机的人患脑肿瘤的机率比不用的人高出 30%，使用手机超过 10 年的人患脑肿瘤的机率比不使用手机的人高出 80%。

因此，人们在接电话时最好先把手机拿到离身体较远的距离接通，然后再放到耳边通话。此外，尽量不要用手机聊天，睡觉时也注意不要把手机放在枕边。

莫把手机挂胸前。许多女孩子喜欢把手机挂在胸前，但是研究表明，手机挂在胸前，会对心脏和内分泌系统产生一定影响。即使在辐射较小的待机状态下，手机周围的电磁波辐射也会对人体造成伤害。心脏功能不全、心律不齐的人尤其要注意不能把手机挂在胸前。有专家认为，电磁辐射还会影响内分泌功能，导致女性月经失调。另外，电磁波辐射还会影响正常的细胞代谢，造成体内钾、钙、钠等金属离子紊乱。

手机中一般装有屏蔽设备，可减少辐射对人体的伤害，含铝、铅等重金属的屏蔽设备防护效果较好。但女性为了追求美观，往往选择小巧的手机，这种手机的防护功能有可能不够完善。因此，在还没有出现既小巧、防护功能又强的手机之前，女性朋友最好不要把手机挂在胸前。

手机挂在腰部会影响生育功能。据了解，经常携带和使用手机的男性的精子数目可减少多达 30%。有医学专家指出，手机若常挂在人体的腰部或腹部旁，其收发信号时产生的电磁波将辐射到人体内的精子或卵子，这可能会影响使用者的生育功能。英国的实验报告指出，老鼠被手机微波辐射 5 分钟，就会产生 DNA 病变；人类的精、卵子长时间受到手机微波辐射，也有可能产生 DNA 病变。因此专家建议手机使用者尽量让手机远离腰、腹部，不要将手机挂在腰上或放在大衣口袋里。当使用者在办公室、家中或车上时，最好把手机摆在一边。外出时可以把手机放在皮包里，这样离身体较远。使用耳机来接听手机也能有效减少手机辐射的影响。

（三）电视机的辐射危害

1. 产生致癌物质。电视机彩色显像管在高温作用下能产生一种叫做溴化二苯并呋喃的有害物质，该物质有致癌作用。一台电视机连续使用 3 天，房间内测得溴化二苯并呋喃含量可高达 2.7 微克/立方米，相当于一个十字街口的测量值。同时，由于大量高能量电子射击荧光屏，也会形成 X 线，再加上居室环境通风不畅，将对健康造成不良影响。

2. 产生电磁辐射。电视机也有辐射作用。拿一台半导体收音机定好音量，靠近电视机，会听到半导体收音机发出刺耳的噪声，当离电视机稍远一点儿噪声就会消失，这说明电视机可以产生电磁辐射，此外还会伤害眼睛。

3. 诱发电视综合征：若看电视时间过长，看完会感觉到周身不适，甚至发生失眠、焦虑或抑郁；长时间看电视还可能导致身体肥胖、肌肉麻木等，因此又称为电视综合征。

近年来有不少商家推出了"绿色电视"、"环保电视"。这类电视的主要特点是低电磁辐射，其 X 射线的照射量大大低于国家标准。

如何避免常见的家电辐射

预防电磁辐射主要要注意以下几点：

1. 提高自我保护意识，重视电磁辐射可能对人体产生的危害，多了解有关电磁辐射的知识，学会防范措施，加强安全防范。如，对配有应用手册的电器，应严格按指示规范操作，保持安全操作距离等。

2. 不要把家用电器摆放得过于集中，或经常一起使用，以免使自己暴露

电磁污染

在超剂量辐射的危害之中，特别是电视、电脑、冰箱等电器更不宜集中摆放在卧室里。

3. 各种家用电器、办公设备、移动电话等都应尽量避免长时间操作。如电视、电脑等需要较长时间使用时，应注意至少每 1 小时休息一次，采用眺望远方或闭上眼睛的方式，以减少眼睛的疲劳度和所受辐射影响。

4. 当电器暂停使用时，最好不要让它们处于待机状态，因为此时可产生较微弱的电磁场，长时间也会产生辐射积累。

5. 对各种电器的使用，应保持一定的安全距离。如眼睛离电视荧光屏的距离，一般为荧光屏宽度的 5 倍左右；微波炉在开启之后要离开至少 1 米远，孕妇和小孩应尽量远离微波炉；手机在使用时，应尽量使头部与手机的距离远一些，最好使用分离耳机和话筒接听电话。

6. 如果长期处于超剂量电磁辐射环境中，应注意采取以下自我保护措施：

①居住、工作在高压线、变电站、电台、电视台、雷达站、电磁波发射塔附近的人员，佩戴心脏起搏器的患者，经常使用电子仪器、医疗设备、办公自动化设备的人员，以及生活在现代电气自动化环境中的人群，特别是抵抗力较弱的孕妇、儿童、老人及病患者，有条件的应配备针对电磁辐射的屏蔽服，将电磁辐射最大限度地阻挡在身体之外。

②电视、电脑等有显示屏的电器设备可安装电磁辐射保护屏，使用者还可佩戴防辐射眼镜，以防止屏幕辐射出的电磁波直接伤害人体。

③手机接触瞬间释放的电磁辐射最大，为此，最好在手机响过一两秒后或电话两次铃声间歇中接听电话。

④电视、电脑等的屏幕产生的辐射会导致人体皮肤干燥缺水，加速皮肤老化，严重的会导致皮肤癌，因此，在使用完上述电器后要及时洗脸。

⑤多食用胡萝卜、豆芽、西红柿、油菜、海带、卷心菜、瘦肉、动物肝脏等富含维生素A、维生素C和蛋白质的食物，以利于调节人体电磁场紊乱状态，增强肌体抵抗电磁辐射的能力。

常用家电电磁辐射应对方法：

（一）微波炉

警惕指数：★★★★★

微波炉利用微波具有热效应这一特征，达到加热、煮熟食品的目的。研究表明，微波炉所产生的强电磁波严重超标可能会诱发疾病。

应对方法：

1. 微波炉工作时，人最好与之保持1米左右距离。

2. 经常用微波炉烹煮食品可以穿着屏蔽围裙、屏蔽大褂。

3. 微波炉在使用6~7年后最好淘汰更新。

（二）电脑

警惕指数：★★★

应对方法：

1. 如果不得不长时间使用电脑，应注意及时洗脸。

2. 使用电脑应保持端正的姿势，人与电脑屏幕的距离最好保持在70厘米以上。

3. 电脑后部及两侧的电磁辐射强度不亚于屏幕的强度，人与电脑后部及两侧的距离最好要保持在120厘米以上。

4. 液晶显示屏对人体伤害较小。

（三）电视机

警惕指数：★

应对方法：

1. 电视机不宜与其他电器摆放得过于集中，避免使自己暴露在超剂量辐射的危险中。

2. 人与电视机的距离至少 2 米以上，不应离屏幕太近。

3. 最好不要把电视机与其他电器摆放在卧室。

另外还要注意，对很多人来说，躺在床上读书、看报是一种生活情趣。可是像收音机、随身听、手机等小的电器不适合放在床头，以免受到电磁辐射。

最后，如果长期处在电磁辐射源中，身体感到不适，应尽快找有关部门进行监测、测试，找出辐射源，避免长期受到伤害。

第三节　正确使用家用电器

家用电器环保小常识

环保和节能是分不开的，如果做到了节能，从某种意义上来说也是做到了环保。家用电器作为家中的"用电大户"，若是能做到节能，也就做到了环保。

据专家介绍，厨房是家庭耗能最多的场所，如冰箱、电饭锅、微波炉、电磁炉等等，这些家电在使用时只要稍加注意，掌握一些基本的常识就能做到环保。比如在放置冰箱时，它的背面与墙之间要留出空隙，这比起紧贴墙面来每天可以节能 20% 左右；电饭锅煮饭，用温水或热水煮饭，可以省电30%；微波炉等电器插头与插座的接触要匹配良好，否则将多耗电 40%。除此之外，如热水器的最佳温度设置在40℃～60℃时最省电。随着人们节水观念的增强，一些热水器生产厂家也开始打起了节水、节能品牌。一种智能化热水器，通过电脑控制温度和上水可有效地将节能作用发挥出来。洗衣机应按额定容量洗涤，水量过多或过少都不利于节能。在夏天应尽量选用简易程序，这样可以节约 1/3 的水。另外音响、电视机、电脑、打印机、电风扇和饮水机要及时拔掉插头，省电又安全。家庭在选购电灯和电器时也要选购节能产品，不能图便宜；同时要选购与家庭实际需要相匹配的电器产品，不能盲目求大求好，造成浪费。

志愿者上门宣传节电方法

家用电器使用及保养技巧

冰箱的使用及保养技巧

冰箱在使用前，要仔细阅读说明书。搬运到家的电冰箱，先静置 2～6 小时后再开机，以免出现故障。冰箱在放入食物前要先进行 2～6 小时空箱通电运行，如果制冷效果好，方可存放食品。意外情况下，停机后不可立即启动，需等待 5 分钟以上，以免损坏压缩机。

（一）初次使用

对照装箱单，清点附件是否齐全。仔细阅读产品使用说明书，按照说明书的要求进行全面检查。

检查电源电压是否符合要求。电冰箱使用的电源应为 220 伏、50 赫兹单相交流电源，正常工作时，电压波动允许在 187 伏～242 伏之间，如果波动很大，将影响压缩机正常工作，甚至会烧毁压缩机。电压过高，会因电流太大烧坏电动机线圈；电压过低，会使压缩机启动困难，造成频繁启动，烧坏电动机。选择插座时要选冰箱专用的三孔插座，单独接线。没有接地装置的用户，应加装接地线。设置接地线时，不能用自来水和煤气管道做接地线，更不能接到电话线和避雷针上。检查无误后，冰箱静置半小时，接通电源，仔细听压缩机在启动和运转时的声音是否正常，如果噪音较大，应检查电冰箱是否摆放平稳，各个管路是否

冰箱的使用及保养技巧

接触，并做好相应的调整。有较大异常声音时，应立即切断电源，与就近的服务中心联系。

冰箱摆放时要选择合适的位置，宜放在通风的地方，以利散热，从而增加冰箱的制冷能力。一般冰箱与周壁的距离不少于 10 厘米。

电冰箱在存放食物前，先空载运行一段时间，等箱内温度降低后，再放入食物。存放的食物不能过多，尽量避免电冰箱长时间满负荷运行。

（二）日常使用

1. 速冻保鲜

$-3℃ \sim 0℃$ 是食物细胞内水分冻结成最大冰晶的温度带，食物从 $0℃$ 降到 $-3℃$ 时间越短，食物的保鲜效果越好。在食物被速冻过程中，食物中的水分将形成最细小的冰晶，这种细小的冰晶不会刺破食物的细胞膜，这样，在化冻时细胞组织液得到完整保存，减少营养流失，从而使食物达到了保鲜目的。

2. 食物储存时间不宜过长

冰箱保鲜食物主要是采用降低温度的方法，抑制食品中微生物的繁殖、酶的催化和降低食品的氧化速度，但低温并不能完全杀死微生物和防止酶的催化及食品氧化，不少嗜冷微生物如假单胞菌属、黄杆菌属、无包杆菌属、赛氏杆菌属、小环菌、少数酵母菌和酶菌等都能在0℃以下的低温环境中缓慢生长。随着贮存时间的延长，食品就会腐败变质。因此，在冰箱中存储的食品不应超过食品存储的期限。

3. 提高冰箱抗菌保鲜效果

抗菌冰箱和普通冰箱一样，对于放在其中的食品，除了有低温保鲜作用外，是没有消毒作用的，但是若使用合理，也可以提高冰箱的保鲜效果。

（1）按要求放置电冰箱。

（2）放在冰箱里的食品应尽量是新鲜、干净的，因为质量好的食品，其微生物基数少，可减少繁殖后的微生物总数，且不易污染贮存在冰箱中的其他食品。

（3）冷饮等直接入口食品应放在冷冻室的上层，冻鱼、冻肉放在下层，以防交叉污染。冷藏室的温度是上面低下面高，因此鱼、肉等动物食品宜放在上面，水果、蔬菜等放在下面（香蕉不宜放在12℃以下的冷藏室内），蛋和饮料放在门内侧保鲜盒内，让它们在适宜的温度环境中"各就各位"。

（4）放在冰箱里的食品都应有一定的包装（可以用保鲜膜覆盖），其作用是防止食品水分流失、串味、相互污染，还可减少化霜次数。

（5）需冷冻的鱼、肉，应按家庭一次食用量的大小分开包装，防止大块食品多次解冻而影响其营养价值及鲜味，同时也可省电。

（6）吃剩的饭菜最好先加热，待冷却后再放到冰箱里冷藏，如冷藏时间超过24小时，要回锅烧透后再吃。

（7）普通冰箱要定期融冰（自动除霜冰箱除外）和擦洗，最好用二氧化氯消毒剂擦洗。这种消毒剂不会产生有毒的卤代烃类化合物，不但可达到消毒的目的，而且可除去冰箱内的异味。

4. 保持食物的养分

营养学家指出：食物的营养价值不仅在于其先天的生长因素，更在于后天的保存环境，而与食物关系最紧密的冰箱，更会直接影响食物的营养价值。譬如，人们将新鲜无污染的蔬菜水果放在冰箱里，如果冰箱的保鲜功能达不到一定的指标，蔬果的营养价值会加速流失，生态食品也就失去了其真正的意义。那么怎样才能保持食物的最大养分呢？经过专家多年的研究与探索，得出结论：食物保鲜必须有温度、湿度、风向、气态、抗菌等生态指标。

温度指标：不同的食物需要不同的保存温度，例如，牛奶、啤酒、果汁、果酱最佳的保存温度为0℃~5℃，所以适合放在冷藏室；鱼类、肉类、雪糕等食品的保存温度应低于-6℃，存放在冷冻室是最合适不过的了。

湿度指标：水分是蔬果鲜活的源头，蔬果一旦缺水，就会风干枯萎。冰箱应保持95%的水分，蔬果才能水灵灵的。

风向指标：冰箱应采用多面送风，实现360°送风，使冰箱内部每一个角落温度更均匀，食物不会因温度忽高忽低而变质，保持鲜活气息。

气态指标：冰箱里的食物为什么不能永远保持鲜活？蔬果释放出的乙烯气体容易催熟食物，造成冰箱里含氧量过大，易使食物腐烂变质，所以，必须有效吸收乙烯气体，合理调节空气的成分，才能使蔬果保鲜期更长。

抗菌指标：如果冰箱抗菌措施做得不好，大肠杆菌、真菌、金黄色葡萄球菌等10多种有害细菌就会在冰箱里滋生、繁殖，侵蚀食物的细胞质，不仅使其完全丧失营养成分，而且容易感染毒素，所以冰箱必须实现全方位的立体型抗菌功能，谨防"病从口入"。

5. 冰箱和彩电不能共用插座

许多家庭的冰箱、彩电插在一个多用插座上，这样做可能会有许多人们意想不到的危害。因为冰箱和彩电的启动电流都很大，冰箱启动电流为额定电流的5倍，彩电的启动电流达额定电流的7~10倍。如冰箱、彩电同时启动，插座接点及引线均难以承受，就会互相影响，产生危害。

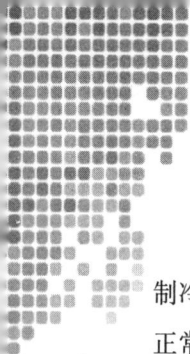

6. 不要随意拔插冰箱电源插头

当电冰箱内温度降到一定值，温控器就会自动切断电源。这时，冰箱中制冷剂的压强已很低，相对电动机的负载压缩机来说是较小的，电动机容易正常启动。如果强制切断电源，在制冷剂有相当高的压强的情况下又立刻接通电源，高压强造成电动机负载过大，启动电流较大，约是正常值的 20～30 倍，很容易烧毁电动机。因此，不可随意拔插电冰箱电源插头。当必须切断电源时，也应当在断电 5 分钟后再重新接上电源，而不能断电后立刻通电。

7. 电冰箱的其他功能

（1）皮鞋油封好放入冰箱冷藏室可以防止鞋油变硬、变干。

（2）将软化的肥皂置于冰箱冷藏室内，可使其变硬。

（3）香烟、茶叶密封放在冷藏室，可长久不失香味；咖啡放在冷藏室中就不会结块了。

（4）胶卷及某些化妆品、中西药放置冰箱冷藏室保存，可延缓其失效期。

（5）蜡烛在冰箱中存放 24 小时以上，燃烧时蜡烛油不会流下来。

（6）干电池存放在冰箱内，可以延长其保存期并能延长使用寿命。

（7）把粘有难除掉的蜡或糖渍的衣物置于冷藏室后，变硬变脆的污渍易剥落。

（8）衣物上粘上口香糖等，可将衣物放入冰箱内冷冻，待香口胶冻结，轻易清除。难以熨平的真丝衣物喷水后，装入塑料袋内放入冰箱冷藏室存放数分钟，取出熨烫，效果更佳。女士长筒袜放入冷藏室内冷藏，可延长其使用寿命。

（三）保养技巧

（1）定期清扫压缩机和冷凝器

压缩机和冷凝器是冰箱的重要制冷部件，如果沾上灰尘会影响散热，导致零件使用寿命缩短、冰箱制冷效果减弱，所以，要定期检查它们是否脏了，脏了就要清扫。当然，使用完全平背设计的冰箱不需考虑这个问题。因为挂背式冰箱的冷凝器、压缩机都裸露在外面，极易沾上灰尘、蜘蛛网等，而平背式冰箱的冷凝器、压缩机都是内藏的，就不会出现以上情况。

（2）定期清理冰箱

内部清理：

冰箱使用时间长了，冰箱内的气味会很难闻，甚至会滋生细菌，影响食品原味，所以，冰箱使用一段时间后，要把冰箱内的食物拿出来，替冰箱大搞一次卫生。

当然，具备光触媒除臭和杀菌功能的冰箱，冰箱内的空气会清新干净，无异味，就不需要经常对冰箱进行清洁了。

外部清理：

冰箱门的密封条上的微生物达十几种之多，这些微生物很容易导致人体的各种疾病。其清理办法为：用酒精浸过的干布擦拭密封条，效果最佳。

及时对冰箱进行清理

（3）其他注意事项：

应定期对冰箱进行清洁（每年至少2次）。清洁冰箱时先切断电源，用软布蘸上清水或食具洗洁精，轻轻擦洗，然后蘸清水将洗洁精拭去。

为防止损害箱外涂复层和冰箱内的塑料零件，千万不要用洗衣粉、去污粉、滑石粉、碱性洗涤剂、天那水、开水、油类、刷子等清洗冰箱。

冰箱内附件肮脏积垢时，应拆下用清水或洗洁精清洗。电气零件表面应用干布擦拭。

清洁完毕，将电源插头牢牢插好，检查温度控制器是否设定在正确位置。

冰箱长时间不使用时，应拔下电源插头，将箱内擦拭干净，待冰箱内充分干燥后，将冰箱门关好。

电视机的使用及保养技巧

1. 电视机室外天线不宜装避雷针?

一些用户在室外天线上装设 0.5 米~2 米长的铁杆做避雷针,结果不仅不起避雷作用,反而可能将雷电引到电视天线上传入电视机,造成机毁人亡。避雷针实际是"引雷针",它把空中雷电电荷引向自身,再经接线引入大地,使其他物体免受雷击。而将雷电压引入电视机,就会使电视机承受几十万伏到几百万伏雷电高电压,必然会使电视机毁坏。如果当时有人收看电视,收看人也会被雷击伤、击死。因此,千万不要在电视机室外天线上装避雷针。

电视机避雷装置

2. 雷雨天能看电视吗?

使用室内天线时,雷雨天可以照常收看电视节目。但用室外天线时,雷雨天应装好防雷装置,并可靠接地,否则就不应收看。同时还必须将室外天线插头从电视机上拔下,并将室外天线接地,以防雷击天线损坏电视机和危及人身安全。

3. 电冰箱、彩电为什么不能共用同一插座?

多用电源插孔多,使用方便、经济,许多家庭都喜欢用它。但同时也存在一个问题:许多家庭把电冰箱、彩电插在一个多用插座上,这样做很有可能产生人们意想不到的危害。因为电冰箱和彩电的启动电流都很大，电冰箱启动电流为额定电流的 5 倍，彩电的启动电流达额定电流的 7~10 倍。如电冰箱、彩电同时启动，插座接点、引线均难以承受，就会互相影响，产生意想不到的危害。同时，对彩电来说，在电冰箱启动和运转时会产生电磁波，相距甚近会受到干扰，使彩电图像不稳，出现噪音等。所以，为避免以上弊端发生，避免互相干扰，电冰箱和彩电的电源插头不要插在同一多用插座上。

4. 电视机的使用注意事项

（1）电视机的色彩、音量、对比度、亮度等要调节适中，不要频繁调节。

（2）看电视时可开一盏小灯，减轻眼睛疲劳，但不要开日光灯，否则会影响电视机信号的接收。

（3）天线与电视机的阻抗相匹配。

（4）用遥控器关电视机并未切断电源，所以还应关掉电视机的电源开关。

（5）夏季雷雨时，最好关掉电视，拔下天线和电源插头，防止电视机受雷击烧坏。

（6）电视机放置要注意防潮、防热、防尘、防磁。

（7）不要覆盖塑料布、布套等，底部也不要垫泡沫塑料，以免影响电视机的透气、散热。

（8）收看节目和刚关机时，不要搬动和振动电视机，以防损坏显像管。电视屏幕要避免阳光照射。

5. 电视机节电方法

首先控制亮度，一般彩色电视机最亮与最暗时的功耗相差 30~50 瓦。室内开一盏低瓦数的日光灯，把电视机亮度调小一点儿，收看效果好且不易造成视觉疲劳。其次控制音量，音量大，功耗高。每增加 1 瓦的音频功率要增加 3~4 瓦的功耗。第三是加防尘罩。加防尘罩可防止电视机吸进灰尘，灰尘多了就可能漏电，增加电耗，还会影响图像和伴音质量。最后看完电视后应及时关机或拔下电源插头，因为有些电视机在关闭后，显像管仍有灯丝预热；用遥控器关电视机后，电视机仍处在待机状态，还在耗电。

6. 如何保养彩电？

（1）不要用挥发油、稀释剂等擦拭电视机外壳，应先用水冲淡中性洗涤剂，将软布浸泡在洗涤剂里，然后将布拧干擦拭机壳，再用干布擦干。

（2）擦拭荧光屏时，宜用细软的绒布或药棉蘸酒精少许，从屏幕中心开始向四周擦拭。

（3）彩色电视机最忌磁场干扰。彩色电视机上面及附近不能放置磁性物体，更不要将收录机、音箱及其他带磁性的物体在荧光屏前移动，否则显像管的部件会因磁场影响而被磁化，从而使色彩紊乱。

7. 怎样清洁电视机？

电视机的外部构件包括外壳和屏幕两个部分，当发现其上有灰尘后，可用软布或小毛巾在清水中浸湿，然后取出用手拧干，再沾点洗涤剂即可进行擦拭（注意：擦拭之前要先拔下电源插头），一次擦拭不干净，可按上述顺序重复多次，直至擦拭干净为止；然后用干布擦拭，待外壳完全晾干后，即可通电使用。有关电视机外壳的清洁有些文章介绍用无水酒精擦拭，笔者认为，用清水擦拭的效果要比酒精好得多，而且酒精容易把漆擦掉。

8. 大屏幕电视机使用须知

随着科技的不断进步，电视机的更新换代也非常迅速，目前市面上有很多液晶平板电视机，那么这种新型电视机使用时应该注意哪些问题呢？

大屏幕电视机

（1）大屏幕电视机的荧光屏应朝南或朝北放置，使地球的磁场方向与显像管内电子束射线方向一致，防止地球磁场影响色纯度。

（2）在使用大屏幕电视机时，不要覆盖塑料布、布套等，在底部也不要垫泡沫塑料，以免影响电视机透气、散热。

（3）大屏幕电视机的色彩、音量、对比度等要调节适当，这样既可以使观看效果佳又省电，还可延长使用寿命。

（4）先插上电源插头，再打开电源开关。不能用插拔电源插头的方法开关电视机，不宜频繁开关电视机，不要随意调节各种键钮。

（5）收看节目和刚关机时，不要搬动和振动电视机，以防损坏显像管。显像管要避开阳光照射。

（6）收看电视时，可以开一盏小灯，以减轻眼睛疲劳，但不要开日光灯，以免干扰图像和伴音效果。电视机的高度与收视者眼睛平齐时效果最好，同时，电视与收视者间距离要在 3 米左右。

（7）电视节目看完后，不能只用遥控器关机，还要关掉电视机上的电源，以免电视机长时间通电。

（8）夏季收看电视时间不宜太长，一般不要超过 3 小时。冬季从室外带回的电视机不要马上开机，应放置约 2 小时，使机温和室温一致后再使用。

（9）雷雨天气最好关掉电视机，拔下天线和电源插头，以防雷击。若有室外天线，要将避雷线妥善接地。

（10）注意天线与大屏幕彩电的匹配，天线有 75 欧姆、300 欧姆两种，要按要求配置。有重影时可调节天线方向或改变电视机的位置。

9. 清洁电视荧光屏的方法

电视机工作时荧光屏表面携带电荷，形成电场，空气中的带电尘埃在此电场的作用下，就会附着到荧光屏表面，天长日久，越积越多，影响观看甚至形成黑斑，造成对显像管故障的误判，所以，电视机荧光屏外表的清洁便成为一项必要的工作。荧光屏表面的清洁工作一定要在关机状态下进行。另外，不能用鸡毛掸子、丝织品等物清扫，因为这类物品摩擦后，会带上电荷；

如用这类物品清扫荧光屏，不但扫不干净，反而会将此类物品上的尘埃、丝毛等附着到荧光屏上。更不能用所谓的电器光洁剂或其他洗涤剂之类的东西来清理荧光屏，因为这些清洁剂或多或少带酸、碱性，对玻璃制品都产生腐蚀作用，对荧光屏表面光洁度会有影响。可以用专门的电视或电脑清洁抹布、清洁纸来清洁荧光屏的表面尘埃。用它来清洁荧光屏表面时，不仅不会将其划伤，而且除尘效果极佳，不产生静电，也不会出现附着物，从而达到清洁和保护荧光屏表面的目的。使用时，将纸沿同一方向轻拭荧光屏表面后，再略加大力量用纸将荧光屏表面细致擦一遍即告完成。需要注意的是，第一遍要轻，以免划伤荧光屏表面。用这种方法除尘后的荧光屏光亮如新，一扫除尘前图像模糊之感。

10. 防止电视机高压打火的方法

电视机高压打火时，一个最明显的现象就是，可闻到一股浓浓的臭氧味，从荧屏上可直观看到有一些小黑点，且伴有吱吱声，图像亮度有所下降，且图像不太稳定。随着收看时间的延长，机器的升温，以上这些现象将逐渐消失，机器恢复正常；而对于打火特别严重的机器来讲，自始至终这些现象是不会消失的。电视机高压打火，会导致下列三种情况发生：

（1）高压橡胶帽被严重烧伤。

（2）高压嘴金属卡簧腐蚀氧化，导致显像管阳极高压接口处留有氧化残渣。

（3）打火如若拉弧的话，会对显像管阳极高压接口周围的石墨接地层造成破坏，严重时还会烧裂显像管，导致显像管漏气。

检修时，如果发现高压帽烧得严重，金属卡簧又腐蚀严重的，要及时更换。如若不太严重的话，就要清理高压帽及显像管阳极高压接口处，用无水酒精棉球擦洗，然后用灯泡烘干；再用机械润滑用的黄油与研细的铜笔芯粉末，按2:1的比例混合搅匀，在高压橡胶帽内及显像管高压阳极接口周围均匀地涂上一层。此法可有效防止高压打火，且不易复发，既简单，又经济实用；对于没有出现高压打火的机器，也可有效预防。

电脑的使用和保养技巧

1. 电脑的摆放

应当放在阳光照射不到的地方，远离火炉、取暖和制冷等一切致使电脑过热、过冷、过潮或损坏、震动的设备；在显示器的周围 1 米之内不要摆放磁性物体（包括磁铁、磁头改锥等），对于电脑专用的防磁音箱不在此列。

2. 保持电压稳定，电脑才能稳定运行。

电脑是用电设备，不可避免会受到外部电源电压的干扰；同时电脑是精密的用电设备，较普通家用电器更容易受到外部电源电压的干扰。为了使电脑稳定工作，要求电源电压工作在 198 伏～242 伏范围之间，且不应该频繁波动；不稳定的电压会造成电脑工作异常，常见故障现象是死机、蓝屏、自动重启或自动关机，严重的会损坏硬件设备如硬盘、主板等。通常可以通过观察电灯是否闪烁来简单判断电压是否稳定。如果有条件的可以通过万用表测量或请专业电工帮忙检测。如果电压确实不稳定，请尽快向供电部门寻求解决，避免更大的损失。当然在电压不稳定的地区使用电脑，你还可以加装稳压器或者其他电脑专业稳压设备，来缓解电压波动对电脑的干扰。另外大功率电器如空调、微波炉等启动、关机可能引起周边电压波动，影响电脑正常工作，请勿将电脑和这些大功率设备接在同一条供电线路上或同一个插座上，可以错开使用或单独使用安全插座给予供电，以减少对电脑的影响。

3. 良好接地、良好使用

台式电脑都配备了三个插头的电源线，其中最中间的那个插头是用于接地使用的，这是为了符合国家的相关安全认证，也是为了更好、更安全地使用电脑。连接电脑时要选择使用和电源线接头配套的品质优良的三相插座或接线板，这样才可以保证电脑正常、良好地接地。接地不良会造成电脑运作不正常，常见的故障现象有：触摸机箱会麻手，死机、蓝屏或无法正常开机等。如果出现上述情况，检测电脑的电源线两端是否插紧了，同时检查电源插座或接线板是否损坏了，或者更换其他插座或接线板，看看异常情况是否

消失。如果仍然不能够解决，可以联系相关的服务机构寻求帮助，或请专业电工检查用电线路是否良好接地，插座或接线板是否异常。使用随机附带的电源线，电源线如果有绝缘（电源线塑料部分）破损，要立即停止使用，或购买符合要求的电源线，不可随意使用其他类型电源线来替代。

4. 防止雷雨天气对电脑造成伤害

夏秋两季是雷雨和台风多发季节，同时也是对电脑影响最大的季节。由于目前我们很多城镇的供电、通讯和网络线路都是架空线路，受雷击的影响更大，给电脑带来的伤害也就增大了。遇到雷暴或者雷雨天气，如果没有关闭电脑，并且拔下电源线、网线、电话线等连线，往往会造成主板、网卡、调制解调器等器件的损坏，严重的会烧毁电脑器件，带来更大的损失。所以，在雷雨和台风发生前，最好将不使用的电脑和外部的一切连线切断，包括电源线、电话线、网线，以避免损失和危险。

5. 电脑屏幕的使用注意事项

平时总是能看见有人在电脑屏幕上用手指头指指点点，使得屏幕上出现了许多难看的手印。其实无论是纯平显示器或是液晶显示器都是不能用手去触摸的，更不能用指甲在显示器上划道道，因为手触摸显示器的屏幕会发生剧烈的静电放电现象，从而损害显示器，同时还会因为手上的油脂破坏显示器表面的涂层。显示器在清洁养护时一定要拔掉电源线和网线，以保证安全。擦拭外壳时，最好不要用太湿的布。对屏幕的清洁要特别小心，严禁使用有机溶剂（如酒精、丙酮等），尽量避免使用化学清洁剂，否则造成显示器表面的镀膜破损脱落，损失无法弥补。擦拭时一定要用软布或者专用抹布（镜头纸也可以），直接擦拭或喷上电脑屏幕清洁剂，再用软布沿同一方向轻轻擦拭。

6. 如何清洁液晶显示屏

液晶显示器使用一段时间后，你会发现显示屏上常会吸附一层灰尘，关掉液晶显示器后侧看更明显，有时还会不小心粘上各种水渍，这肯定将大大影响视觉效果，那么该如何清洁呢？

（1）先关闭液晶显示器电源，并拔下电源线插头和显卡连接线插头。

（2）将液晶显示器搬到自然光线较好的场所，以便能看清灰尘所在，从而达到更好的清洁效果。

（3）清洁液晶显示屏不需要什么专门的溶液或擦布，清水和柔软的无绒毛布或纯棉无绒布就是最好的清洁工具。当然若有专用的屏幕清洁抹布是最好的。在清洁时可用抹布蘸清水稍稍拧干，然后对显示屏上的灰尘进行轻轻擦拭。不要用力地挤压显示屏，擦拭时建议从显示屏一端擦到另一端直到全部擦拭干净为止，不要胡乱挥舞。（小提示：不可用硬布、硬纸张擦拭。同时千万不要使用含有酒精或丙酮的清洁液或含有化学成分的清洁剂，更不能将液体直接喷射到屏面，以免液体渗透进保护膜。）

（4）用柔软湿布清洁完液晶显示屏后，可用一块拧得较干的湿布再清洁一次。最后在通风处让液晶显示屏自然风干即可。

7. 电脑的搬运

电脑的主机在装运前应使主机中的主板保持在最下方的位置，并注意避免对主机的强烈震动，以免损坏硬盘。对于液晶显示器要注意避免屏幕受压而导致损坏。

遥控器的使用及保养技巧

现在不少家用电器都配有红外线遥控装置，但要注意正确使用和维护，否则会使遥控器失灵甚至损坏。

1. 使用遥控器时，遥控器与遥控接收器之间的距离不要超过 10 米，使用时应将遥控器对准电器的接收方向，左右偏差角度不能超过 25 度。

2. 遥控器与接收器之间不能有障碍物，如人、物体等等，以免障碍物阻挡红外线正常传播，使遥控器失灵。

3. 使用遥控器时应避免强光，包括阳光、灯光的照射，不然会影响遥控器的使用效果。

4. 遥控器可使被控电器处于暂时关闭状态，但内部有些电路仍在工作，不能完全关闭电器。因此不用电器时应及时关掉电器电源或拔出电源插头，不能用遥控器关闭电器后就算完事。

5. 长期不用遥控器时，应将里面的电池取出，以免电池内电解液漏出腐蚀盒内元件。遥控器表面如有灰尘、油污可用软布蘸肥皂水擦拭。遥控器的发射窗口和电器上的接收窗口应保持清洁，以免影响正常使用。

如何减少家电互相干扰

现代家庭多数购有彩色电视机、收录机、电风扇、洗衣机、电冰箱等家用电器，这些电器会发生相互干扰，尤其电视机受的影响最大。那么该怎样减少家电的互相干扰呢？

首先，电冰箱和电视机应尽量离得远一些，最好不要把它们放在同一房间里。如条件不许可，也要分别安装电冰箱和电视机插头。相邻的住户，冰箱和电视机不要靠近同一面墙。电冰箱和电视机应分别安装上各自的保护器

家电尽量不要共用插座

或稳压器，并将两者的电源线分开，不要在同一面墙上。

其次，电视机与收录机、音箱等电器要保持一定的距离，不要靠得太近，因为收录机及音箱中有带有很大磁性的扬声器，并在周围形成较强的磁场，使电视机的荧光屏后面的钢性栅网被磁化，使电视机的色彩不均匀。

家电节电的好方法

节电就是节能，省电就是省钱。巧用家庭电器，注意节电，会在不知不觉中给你带来一笔意想不到的"小财富"。

1. 电视机省电法

适当调节电视机的亮度和音量。当你收看电视节目时，电视机的亮度和音量要适中。电视机应该避免画面亮度过高，这样既有利于省电，又可以避免视觉疲劳，还可以延长显像管使用寿命。一般彩色电视机的最亮状态比最暗状态多耗电50%~60%，功耗相差30~50瓦。一台51厘米的彩色电视机最亮时功耗为85瓦，最暗时功耗只有55瓦。将电视屏幕设置为中等亮度，既能达到最舒适的视觉效果，还能省电，每台电视机每年的节电量约为5.5度，相应减排二氧化碳5.3千克。电视机的音量越大，功耗就越高，每增加1瓦的音频，就要增加3~4瓦的功耗，所以只要听得清楚就可以了。白天看电视可以拉上窗帘避光，这样可以相应调低电视机的亮度，收看效果会更好。

给电视机加盖防尘罩。在看完电视关闭电源之后，最好稍等一段时间让机器充分散热，然后给电视机加盖防尘罩。这样有利于电视机减少磨损，还可防止电视机吸进灰尘，灰尘多了就可能漏电，不仅增加电耗，还会影响图像和伴音质量。

2. 电饭锅省电法

购买节能电饭锅。对同等重量的食品进行加热，节能电饭锅要比普通电饭锅省电约20%，每台每年省电约9度，相应减排二氧化碳8.65千克。如果全国每年有10%的城镇家庭更换电饭锅时选择节能电饭锅，那么可节电0.9

亿度，减排二氧化碳 8.65 万吨。

选择电源的时候要注意，千万不要将电饭锅的电源插头接在台灯的分电插座上，这是相当危险的。因为一般台灯的电线较细，安全电流小，容易老化或遇热熔化，而电饭锅的功率较大，所要求的安全电流也大，这样大的电流会使灯线发热，长时间使用会造成触电、起火等事故。因此，使用电饭锅一定要配用安全电流大的专用插座，才安全耐用。

使用中避免磕碰。因为电饭锅的内胆受到磕碰后很容易变形，底部与电热盘就不能很好吻合，煮饭时造成受热不均，容易煮成夹生饭，所以电饭锅要轻拿轻放。

电饭锅的烹调范围较广，但切记不要用电饭锅煮太咸或者太酸的食物。因为它的内胆是铝制的，太咸或者太酸的食物会使内胆受到腐蚀而损坏。

用开水煮饭。大米一开始就处于高温度的热水中，有利于淀粉的膨胀、破裂，使它尽快变成糊状，不仅可以节电 30%，煮出的饭还更容易被人体消化吸收。煮饭用水量要掌握在恰好达到水干饭熟的标准，饭熟后要立即拔下插头。有些人用电饭锅煮米饭，插上插头就去忙别的事了，过了很久才回来把插头拔下来。其实，虽然电饭锅把米饭做好以后会自动切断电源，但是，如果时间过长，当锅内温度下降到 70℃ 以下时，电饭锅又会自动通电，如此反复，既浪费电又减少电饭锅的使用寿命。另外，用电饭锅煮饭时，在电饭锅上面盖一条毛巾可以减少热量损失。煮饭时还可在水沸腾后断电 7~8 分钟，再重新通电，这样也可以充分利用电饭锅的余热达到节电的目的。

及时清理电热盘。时间长了电饭锅的电热盘被油渍污物附着后出现焦炭膜，会影响导热性能，增加耗电量，所以电热盘表面与锅底如有污渍，应擦拭干净或用细砂纸轻轻打磨干净，以免影响导热效率，浪费电能。

3. 空调省电法

合理设定空调温度。专家指出，使用空调时，不宜把温度设置得太低。家用空调夏季设置温度一般在 26℃~27℃，室内外温差最好为 4℃~5℃。空调每调高1℃，可降低7%～10%的用电量。其实，通过改穿长袖为穿短袖、改穿西服为穿便装等，适当调高空调温度，并不影响舒适度，还可以节能减排。如果每台空调在国家提倡的26℃基础上调高1℃，每年可节电22度，相应减排二氧化碳21千克。而且适宜的室内外温差可防止"空调病"的发生。人在睡眠时，由于代谢量减少30%～50%，人体散发的热量减少，所以应该尽量使用空调的"睡眠功能"，就是设定在人们入睡的一定时间后，空调器会自动调高室内温度，有的空调定义为"经济功能"。对于静坐或正在进行轻度劳动的人来说，室内可以接受的温度一般在27℃～28℃之间。但是，开着空调睡觉并不是什么好习惯，不但费电而且很容易引起面部神经麻痹，因此最好不要通宵使用空调。在利用"睡眠功能"的同时，可以考虑充分利用"定时功能"，可以省不少电。

定期清洗空调过滤网。空调进风口过滤网的作用是把进入空调机的空气中的灰尘过滤干净，就像是空调的"肺"，如果过滤网上的灰尘积聚过多，会使进入空调的气流阻力加大，增加空调的负荷，自然会使空调用电增多。一般北方地区的灰尘较多，如果一个月不清洗，过滤网表面积聚的灰尘可能就有1毫米厚。如果一台1000瓦的空调每天使用5个小时的话，耗电大约5度，而由于灰尘的原因会多消耗5%左右的电能，那么每天会多消耗0.25度的电，整个夏天多消耗25度左右。同时由于灰尘上可能吸附有各种有害病菌，不利于人体健康，因此，空调应在夏季到来前清洗一次，既节能又卫生。如果过滤网积尘太多，可以把它放在不超过45℃的温水中清洗干净。另外，还应该清洗擦拭制冷器和节水盘，不仅能节约能耗，还可以避免空调滋生细菌。有条件的话，也可以请专业人士定期清洗室内和室外的换热翅片。如果能做到以上这些，可以节省30%的电能。

不要频繁开关空调。有的人会认为空调总开着费电，就开一会儿关一会儿，其实这样更费电。为什么呢？因为空调在启动时高频运转瞬间电流较大，频繁开关是最耗电的，并且损耗压缩机，因此千万不要用频繁开关的方法来调节室温。正确的使用方法是：如果室外温度是30℃，室内温度设定为26℃～

27℃就可以了。在空调的使用过程中温度不能调得过低，因为空调所控制的温度调得越低，所耗的电量就越多。制冷时室温定高 1℃，制热时室温定低 2℃，均可省电 10% 以上，而人体几乎觉察不到这微小的差别。空调运行过程中，如果觉得不够凉，可再将设定温度下调几度，这时空调高频运行时间短，即可节电；如果觉得太凉，不要关机，将设定温度调高就行了。开机时，设置高冷或高热，以最快速度达到控制温度的目的。当温度适宜时，改中、低风，可以减少能耗，降低噪音。

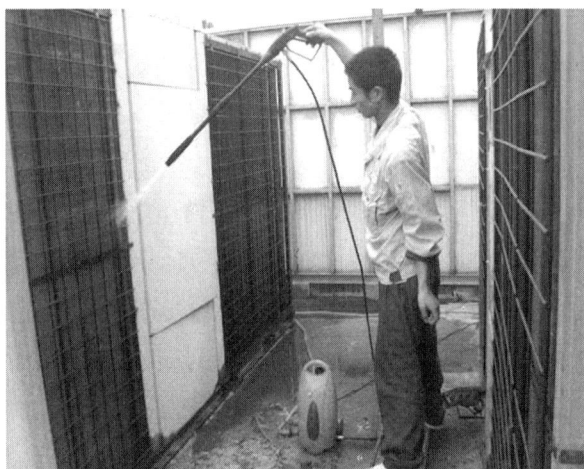

空调清洁

调整除湿功能。空调房内的湿度也与节能有很大关系，有时碰到天气闷热难受，不必将空调温度一降再降，这时可以把空调模式置于除湿状态，让室内湿度降下来，这样即使相对温度稍高一些，也会让人感觉舒适凉爽。而且如果屋内空气湿度过大，也会增加空调机的工作负荷。另外，"通风"开关不能处于常开状态，否则将增加耗电量 5% ~ 8%，因为常开通风开关会导致冷气大量外流。最好在清晨气温较低的时候把空调停一停，这样既可省电，又可更换室内空气。

冷气对着门口吹最节能。为了提高制冷效果，空调房间的门、窗、天花板和地板等，必须做到最大限度的密封。空调吹出的冷气流最好对着门，因为冷气流可阻挡从门而入的热空气。如果空调装在门旁边，当门开着时漏入的热空气很快把空调吹出的冷气带进房间，使房间热负荷增加，冷却效果降低。另外，窗式空调四周与安装框架之间也必须密封好，以减少外界热空气漏进房间里，降低制冷效果。

房间的相关改善措施。对一些房间的门窗结构较差、缝隙较大的，可做一些应急性改善措施，例如用胶带封住窗缝，在玻璃窗外贴一层透明的塑料薄膜，采用遮阳窗帘，室内墙壁贴木丝板塑料板，在墙外涂刷白色涂料减少外墙冷耗。

开空调时关闭门窗。开着空调的房间不要频频开门开窗，以避免热空气渗入，降低空调的制冷效果。在使用空调时，可以提前把房间的空气换好，如早上天气凉爽时尽量开窗透气，如果在空调使用过程中觉得室内空气不好，想开窗户，建议开窗户的缝隙不要超过 2 厘米。不过最好还是尽量控制开门开窗，如果想停机换空气，最好提前 20 分钟关空调。

用完及时拔插头。空调每次使用完毕，应该及时把电源插头拔出，或者将空调机的电源插座拔掉，或者将空调机的电源插座改装为带开关的，用遥控器关掉空调机后，再将插座上的开关关掉。否则，即使机上开关断开，电源变压器仍然接通，线路上的空载电流不但大量浪费电能，而且遇上雷雨天还可能造成事故。

出门提前关空调。养成出门提前关空调的习惯可以节省电能。在离家前 30 分钟，应将压缩机（由制冷改为送风）关闭；出门前 3 分钟，则应将空调彻底关闭。在这段时间内，室温还足以使人感觉凉爽。出门前 3 分钟关空调，按每台每年可节电约 5 度，相应减排二氧化碳 4.8 千克保守估计，如果对全国 1.5 亿台空调都采取这一措施，那么每年可节电约 7.5 亿度，减排二氧化碳 72 万吨。

科学、健康地使用空调。过多使用空调既耗能，又会对人体产生不利影响。有的大型办公场所使用中央空调，窗户很少，空气流通不好，在这里工作的人一天 8 小时都是靠空调调节气温，而且温度调得特别低，造成室内外

的温差较大，这样对于人体协调体温的自然能力是一种破坏，时间长了就会造成协调功能的紊乱，得所谓的"空调病"，如容易得感冒、皮肤病、关节炎和肠胃病等。所以，不要对空调太过依赖，热一点，出点汗，充分发挥人体自身的温度调节能力是有利于健康的。

4. 其他家电节电法

家用电器的插头插座要接触良好，否则会增加耗电量，而且还有可能损坏电器。电水壶的电热管积了水垢后要及时清除，这样才能提高热效率，节省电能，同时还可延长使用寿命。使用电热取暖器的房间要尽量密封，防止热量散失，室温达到要求后应及时关闭电源。

熨烫衣物最好选购功率为 500 瓦或 700 瓦的调温电熨斗，这种电熨斗升温快，达到使用温度时能自动断电，不仅能节约用电，还能保证熨烫衣物的质量。调整电冰箱调温器旋钮是节电的关键，冬季调温旋钮转至"1"字，夏季调至"4"的位置，这样可减少冰箱的启动次数，有利于节电。

相关链接

家电健康使用的问题解答

问：空调温度升高 1℃ 能省多少电？

答：空调温度升高 1℃，需要维持的气温与室温的热量差就少了 1℃，空调压缩机的工作量减少，耗电也就少了，但是究竟能省多少电，因时、因地、因机而异，是非线性关系的，没有一个确定的答案。这主要有两个原因：

1. 空调的耗电量并不确定。虽然每台空调都会写明输入功率，但是和其他电器不同的是，并不能据此算出空调的耗电量。比如，1.5 匹制冷量的空调机的输入功率大约是 1200 瓦，但不能因此就认为它的耗电量就是一小时 1.2 度。这是因为空调压缩机并非一直在工作，一旦室温达到设置的温度，空调压缩机就停止工作，等室温高或低于设置温度再重新工作，在此期间只有风扇在转，其功率只有数十瓦，远少于空调机的输入功率。因此，空调的耗电量与空调压缩机达到和维持设置温度的时间长短有关，而这又与室外气温的高低、房间的大小、房间的保温性能和密封性的好坏、房间内人数的多少等因素有关，并不确定。

2. 在不同的设置温度下，每调高 1℃ 所节省的电量并不是等差的。在一定范围内温差越大，节约电能就越多。比如，从 18℃ 提高到 19℃，要比从 25℃ 提高到 26℃ 更省电。这是因为散热的速度和温差有关，室外气温恒定的条件下，室内温度越低，散热速度越快，空调压缩机为了维持室内温度的工作量增大，耗电也就增加。但是如果温差太大，设置温度提高 1℃ 也没有区别，因为压缩机始终没停。

一般所说的空调温度升高 1℃ 能减少 5%~10% 的耗电量，只是粗略的估计。

问：房间里装多大的空调最合适？

答：为一个房间选择合适的空调，并不是一件很容易的事情，因为房间的面积、天花板的高度、房间的窗户数、经常在室内活动的人数、房间的朝向等，都是重要的影响因素。同样大小的两个房间，居住人数多的、房子朝阳的、窗户多的那个会需要更大的空调。每个房间都有个最佳的空调机大小的选择。如果空调机太小，制冷能力不够，空调机全负荷运转，房间也凉不下来。如果空调机太大，它就会经常启动、关闭，浪费能源不说，制冷效果也不大好。

我们可以由房间的面积估计最优的空调机大小。这里说"大小"，实际是指空调机的制冷功率。制冷功率一般以"匹"为单位。1 匹相当于 2324 瓦。根据经验数据显示，房间越小，每单位面积所需的制冷功率越大。一个 15 平方米的房间，需要 0.75 匹的空调机。一个 30 平方米的房间，需要 1 匹的空调机。一个 45 平方米的房间，需要 1.5 匹的空调机。如果想做个粗略的估计，中等以上大小的房间（大于 25 平方米），每平方

米所需功率为80瓦左右。大家可以将房间平方米数转成瓦数，再转成匹数。另外，有时厂家也用瓦数除以100来表示空调机的大小。比如，32机是指3200瓦的空调机，约1.4匹。

问：日常使用时如何减少空调的能耗？

答：1. 不要把温度设得太低。一般来说，25℃左右就比较舒适了。如果温度设得太低，空调负荷很重，就会多耗费很多电能。

2. 白天阳光强烈时，别忘了拉上窗帘，不要让太阳光直接晒进屋里。

3. 如果有空余不用的房子，可以把那扇房门关上，减少不必要的空气流通。

4. 空调机的进气口设有过滤网以阻挡灰尘，时间长了会发生堵塞，减弱进气量。应该经常检查看过滤网是否脏了，脏了的话应该立即清洗。通常应该每一两个月就检查一次。

5. 如果能够将门缝、窗框等可能有缝隙的地方加以密封，也能有效地提高空调的效率。

6. 空调机每一两年应该请专业维修人员检查调试，以保证其运转的效率。

7. 购买新的空调时，注意选择能效比较高的机型。家里的空调如果太老的话，换成新的也可以节省很多电能。

8. 空调机应该安装在朝北、背阴的位置。

问：我的电视机坏了，现在打算买一台新型的大屏幕平板电视机，从环保角度考虑，我应该选择液晶电视机还是等离子电视机？

答：这没有一个固定的答案，你可以考虑如下的因素：

首先是耗电量。电视机的耗电量越少也就意味着它的二氧化碳排放量越少。等离子电视机利用类似于霓虹灯的微小发光单元组成的点阵显示图像，消耗的大部分能量都是被这些发光单元消耗的；而液晶电视机消耗能量的主要部件是背光灯管。一般认为，同样尺寸的等离子电视机的耗电量要高于液晶电视机，这主要是由于等离子发光单元更加耗电。但是一些新型的等离子电视机的功耗已经大大降低，甚至已经接近或者优于某些能效不高的液晶电视机的水平。所以你在选购的时候应该实际比较一下生产商给出的功率数据，选择更节能的产品。

其次，要考虑电视机是否含有有毒物质。液晶电视机的背光灯管和照明用的荧光灯管类似，都含有少量的汞。在正常使用的时候这些汞不会危及使用者的健康，但是当电视机报废之后，这些含有有毒物质的部件就需要专门回收。等离子电视机通常不含汞。

问：在选购、使用电冰箱时，有什么办法能减少能耗？

答：对大多数家庭来说，冰箱是最耗电的电器之一。为了尽量减少冰箱的能耗，在选购时应注意：一、选择高能效的冰箱。冰箱的能效等级数字越小，则越省电。二、根据家庭需要选择合适的冰箱容积。以每个家庭成员60~80升估算，容积越小，就越省电。三、单门冰箱最省电，其次是上下格双门的，最耗电的是左右双门的。冷冻室设在上面的冰箱要比设在下面或旁边的更省电，能省10%~25%。四、具有穿透式制冰功能的电冰箱的能耗会增加14%~20%。

使用时应注意：一、应该把冰箱放在远离热源的地方，例如不要放在炉灶旁边，也不要放在窗边让太阳直射。二、冰箱上部和两旁应留有大约30厘米的空间，背面和墙壁之间要留有至少4厘米空间，并保持冷凝器的清洁，这样有助于空气流动让冷凝器散发热量。三、注意把冰箱门关紧。可用一张纸尝试插入门上的密封垫，如果纸张能活动，说明门无法关紧，需要更换密封垫。四、冷藏室温度设置调到5℃、冷冻室调到-14℃最合适。温度调得太低只会浪费电。五、尽量减少开门次数和开门

时间，开、关门的动作要快，开门角度应尽量小。要有计划地一次将食物取出或放入。六、避免箱内温度骤然升高。热的食物应在室温放凉后再放入冰箱保存。七、蔬菜、水果等水分较多的食物应该先用塑料袋包好再放入冰箱，以免水分蒸发加厚霜层。八、手动除霜比自动除霜省电，但是要定期除霜才行。霜层增加了能耗，不要让霜层厚度超过6毫米。九、长期出门远行前应清理掉冰箱内食品，关闭电冰箱，并拔掉电源。

问：使用洗衣机时如何减少能耗?

答：在选购洗衣机时，根据需要选择大小合适的洗衣机。水平滚轴的侧门式洗衣机比垂直转轴或顶门式洗衣机的耗水量少，也更省电。侧门式洗衣机对衣服的磨损也较小。

应装满一机衣物才洗衣，因为洗衣机在半满和全满状态下都耗用同等的电能，在全满状态下平摊到每件衣服的耗能就少了。根据英国"环境资源管理"（ERM）公司的计算，一件重400克的100%涤纶的裤子和其他脏衣服一起洗，一次洗衣量从3.0千克增加到3.5千克，平摊到裤子上的能耗就降低了14%。

问：使用电熨斗时有什么办法能够省电?

答：熨衣服通常要很长时间，一个普通电熨斗的能耗相当于好几个100瓦灯泡。为了节约用电，首先应当减少不必要的熨烫，比如有些衣服是免熨的，毛巾之类的物品是不必熨的。其次尽量集中熨烫多件衣物，避免短时间内频繁使用熨斗，从而减少能量浪费。

购买电熨斗时最好选择能够调节温度的产品，以便对不同的面料采用不同温度熨烫。通常化纤制品所需温度最低，毛制品要高一些，棉制品更高，选择合适温度可以取得最好的熨烫效果，避免损坏衣物，提高效率。熨烫时如果需要对衣物加湿，适度湿润即可，不要加过多的水。

熨烫过程中应合理安排顺序，例如在等待电熨斗升温时先熨烫一些化纤制品，温度升高后熨烫棉毛制品，结束熨烫之前几分钟时关掉电熨斗，利用余热来熨烫剩下的化纤制品。如果电熨斗不能调节温度，就更需要充分利用预热和余热的时间。不使用电熨斗时应当关闭，不要让熨斗"空烧"，否则既浪费电又不安全。

装修篇

第一节　绿色环保的家居设计

什么是绿色环保设计

　　20世纪80年代，绿色设计的理念正式在全球范围内提出，并迅速在各设计领域得到重视和发展，在家居设计装修方面也有了很大突破。所谓的绿色、环保设计，就是不拘泥于特定的技术、材料，而是对人类生活和消费方式进行规划，在更高层次上理解产品和服务，突破传统设计的作用领域去研究"人与非物"的关系，力图以更少的资源消耗和物质产出保证生活质量，达到可持续发展的目的。

室内空间的利用

绿色环保设计要遵循什么原则

1. 环保设计无害化原则。无害化原则是指室内装饰对环境的无害与装饰物对人的无害化。在室内设计之前应进行环境评估，即该设计完成后对周围环境的影响。对于可能产生的负面影响应采取哪些措施进行补救。其次是装饰物对人的无害化，这主要体现在装饰材料（家具、电器、陈设用品、装饰材料与施工工艺）上。前一段时间，北京已出现用户对装修单位运用不合格的材料装修造成人身伤害提出诉讼的案例，还有"小儿白血病与室内装修材料有关"、"婴儿畸形与装修污染"等报道的出现都应使所有的室内设计人员引以为戒。这些案例一方面使人们迫切盼望真正绿色环保材料的早日出现，另一方面，从现阶段国情来讲，材料的完全无害只是相对概念，该装饰的还是要装饰，但对室内设计师来讲，必须做到心中有数。

2. 环保设计生态化原则。室内绿色环保设计原则包括对生态平衡的维护。对各种自然资源的节约利用，具体反映在循环性、重复性、智能性与功能性上。循环性是构成生态学的重要部分，应用到室内设计上，即要求设计师在设计时尽可能贯彻循环性原则，有效合理地利用自然资源，减少对自然的破坏，例如水资源的循环利用。重复性是指尽量重复利用一切可以利用的建筑装饰材料，从而降低消耗。事实上许多废弃的砖石材料只要简单加工，就可以用于建筑装修中，并会有意想不到的艺术效果，这当然需要设计师匠心独具的设计。智能化是未来建筑及室内设计的发展方向。智能化即利用调整数据网构成综合布线系统传输各种信息，进行各种智能控制。功能性是指室内一切功能性设施都可体现绿色环保生态平衡的原则，如绿色环保水槽、油烟处理器、玻化砖、釉面砖与节水易擦洗的墙体材料等等。

3. 环保设计节能化原则。室内绿色环保设计的科技含量重点体现在节能化原则上，并表现在土地、空间利用、能源的利用和新能源的开发与利用几个方面。土地、空间的合理利用对我国人多地少的状况而言具有现实意义。土地自然资源的节约，不仅表现在减少土地占有量，还应体现在土地单位面积空间合理利用上，这可以有效提高土地的价值，降低土地自然利用成本。如传统生态节能建筑的窑洞、穴居方式及构森为巢的巢居形式，将再度成为建筑及室内设计的研究对象。能源的利用率是指提高能源的利用效率，减少不必要的浪费。目前我国在能源利用率上远远落后于发达国家，这与我国科技水平、生产工艺落后有密切的关系。这不仅仅是建筑与室内设计自身的事情，也是全社会共同的事情。新能源、新材料的开发是绿色环保的出路，而新材料新技术的开发利用，特别是可重复使用材料的开发利用对不可重复材料的替代，对构筑绿色环保建筑及环境具有重大意义。

充分利用自然光的客厅设计

树立绿色环保设计意识

绿色环保设计意识是进行绿色家居装修的前提。绿色装修是一个完整的过程，包括绿色环保设计、绿色饰材使用、绿色环保施工三个环节。要完成这个过程，实现绿色装修，首先就要树立起绿色环保设计意识，并且将这个意识贯穿始终。

　　绿色家装设计意识要求在装修时要本着安全性、健康性、舒适性、经济性的原则。安全性是首位的；其次是健康性，就是设计出来的家居环境是对身体健康有利的自然环境，不产生或少产生对身体健康有害的污染，同时能满足特殊人群（残障人士、老人等）的正常居住生活。家装中为保证健康性一般要做到以下几点：确保良好的自然条件；建立良好的家居自然环境；控制室内环境污染。再次，舒适性，主要取决于它满足人的物质与精神两方面需求的程度。前者就是在功能上满足家庭生活的使用要求，并提供一个使人体感到舒适的自然环境。后者则是创造出一种和家庭生活相适应的氛围，使家居具有一定的审美价值，并且通过联想作用，使其能具有一定的情感价值。最后，经济性，即要树立用最经济的方式达到同样效果的理念。家庭装修往往会消耗大量的社会财富，经济性原则的树立就会节省很大部分资源，从而达到节约的目的。

第二节　绿色环保的家居装修

家居装修常见的气体污染

　　家居装修常见的气体污染有：

　　1. 甲醛。主要来源于室内使用的人造木板、装修材料以及新家具中的黏合剂。当这些物品在遇热、潮解时就释放出甲醛气体。有些不法商家在制造板材时使用国家禁止使用的尿醛树脂黏合剂，这种黏合剂在室内环境中释放出的甲醛可持续 3~15 年甚至更长时间。此外，家具油漆、内墙涂料、皮革、椰棕床垫等都会不同程度地释放甲醛。贴墙布、贴墙纸、泡沫塑料等室内装饰材料也会散发甲醛。生产商为了改善合成纤维的性能，通常要用含有甲醛的树脂整理剂进行树脂整理，这些经过树脂整理的化纤织品在使用和保存过程中会释放出游离甲醛。

2. 苯、苯类化合物。苯及其同系物——甲苯、二甲苯都为无色、有芳香气味的室内挥发性有机物，都具有易挥发、易燃的特点。苯主要用于油、脂、橡胶、油漆、喷漆和氯丁橡胶等溶剂及稀释剂，是多种化工产品的生产原料之一，也是室内常见的污染物质之一，而且来源广泛，如各种涂料、黏合剂、木质家具、木器油漆、塑胶产品等。

3. 氨。主要来源于混凝土、人造木板、室内装饰材料。建筑施工中，为了加快混凝土的凝固速度和冬季施工防冻，常在混凝土中加入高碱混凝土膨胀剂和含尿素与氨水的混凝土防冻剂等外加剂。这类含有大量氨类物质的外加剂随着温度、湿度等环境因素的变化而还原成氨气从墙体中缓慢释放出来，造成室内空气中氨的浓度大量增加，特别是夏天气温较高，氨从墙体中释放速度较快，是造成室内空气氨污染的主要原因。

迷你型空气净化器

4. 总挥发性有机化合物（TVOC）。总挥发性有机化合物是指室温下饱和蒸气压超过了 133.32 帕的有机物，其沸点在 $50℃ \sim 250℃$，在常温下可以蒸发的形式存在于空气中。它的毒性、刺激性、致癌性和特殊的气味，能引起机体免疫功能失调，影响中枢神经系统功能，出现头晕、头痛、嗜睡、无力、胸闷等不适症状；还可能影响消化系统，出现食欲不振、恶心等，严重时可损伤肝脏和造血系统，出现变态反应等。这种气体的污染来源比较广泛，几乎所有的有机化工产品合成材料都会不同程度地释放出总挥发性有机化合物，如各种涂料、黏合剂、人造板材、木质家具、木器油漆、塑胶产品、皮革、海绵制品以及地毯等合成织物，都会不同程度地释放出总挥发性有机化合物。

家居装修常见的光污染

一般来说，光污染可理解为由于有害反射光、外溢光或杂散光的不利影响造成的不良光环境。近年来家庭装修中光污染的问题开始被越来越多的人重视。因装修不当引起的光污染和空气污染一样，已经严重威胁到人类的生活健康和工作效率。

室内光污染按产生方式可以分为：

避免装修造成的光污染

1. 白亮污染。主要是指白天阳光照射强烈时，建筑物的玻璃幕墙、釉面砖墙、磨光大理石和各种涂料等装饰反射光线引起的光污染。随着家庭装修的高档化，大量新型材料、高档材料得以运用，常用的镜面、釉面砖墙、磨光大理石以及各种涂料等材料，反射光线的能力较强，易产生明晃白亮的眩光，刺激人的视觉神经。长时间在白亮污染环境下工作和生活的人，视网膜和虹膜都会受到不同程度的损害，视力急剧下降，易引发白内障，还容易使人头昏心烦，甚至出现失眠、食欲下降、情绪低落、身体乏力等类似神经衰弱的症状。

2. 人工白昼。主要是指不合理的夜间照明等发出的强光，令人眼花缭乱；有些强光束甚至直冲云霄，使得夜晚如同白天一样，这种现象被称为人工白昼。家居装修中出现人工白昼现象主要是由于室内灯光配置设计的不合理，致使室内光线过亮。长期处于这种光照环境中，不仅对眼睛不利，而且干扰大脑中枢神经，使人感到头晕目眩，出现恶心呕吐、失眠等症状。人工白昼污染不仅有损人的生理功能，还会影响心理健康。就犹如人彻夜亮灯睡觉一样，会扰乱机体的自然平衡，使人体产生一种"光压力"。人体内的生物和化学系统长期在这种压力下会发生改变，体温、心跳、脉搏、血压会变得不协调，各种疾病乘虚而入。

3. 彩光污染。主要是指室内外场所的黑光灯、旋转灯、荧光灯和闪烁的彩色光源发出的彩光所形成的光污染。随着人们生活水平的不断提高，很多人在室内装修过程中喜欢制造浪漫的气氛，采用不同色彩的灯具来烘托气氛。由于不同的色彩灯具颜色不同，因此产生了不同波长的光线，特别是一些蓝紫色灯发出的光波超过了人眼的适应波长，形成紫外光。这种光的紫外线强度远远超出太阳光中的紫外线，对健康造成严重危害。科学研究表明，彩光污染不仅有损人的生理功能，还会影响人们的心理健康。在缤纷多彩的灯光环境下待久了，人们或多或少会在心理和情绪上受到影响，比如在刺目的灯光下会让人感到紧张等。所以，在家庭装修时要注意选择适合自己的灯具。

家居装修常见的声污染

家居装修常见的声污染，除了在施工过程会存在声污染外，如果房子的装修设计不合理，或者家具家电的摆放不合理也会造成声污染。声污染，其实就是环境噪声。随着城市现代化的发展以及人们生活水平的提高，城市交通、建筑、家庭现代化设施的增多，环境噪声也日渐成为污染人类社会环境的公害之一。近年来国内外专家研究表明：噪声不仅仅对人们的听力造成影响和损伤，更重要的也是常常被忽略了的是：噪声对人们的心血管系统、神经系统、内分泌系统均有影响，所以专家称它为"致命的慢性毒药"。因此，在家居装修时一定要避免声污染。

国外已经兴起了"寂静别墅"并深受欢迎。但由于国情，我国现在尚无力效仿，因而，只能在自己家中创造一种寂静的气氛。一是安装双层玻璃窗，这样可将外来噪音减低一半，特别是临街的家庭，效果比较理想。二是安装钢门隔声。钢门对隔音有一定的帮助，如镀锌钢门中层隔有空气的设计，使得无论室内或室外的声音均较难传送开去。此外，钢门附有胶边，与门框碰合时不会发出噪音。三是多用布艺装饰和软性装饰。四是注意室内不同功能房间的封闭。

家庭各种声音测试结果表

时钟滴答声	15 分贝
低声耳语	20 ~ 30 分贝
厨房或卫生间的流水声	30 ~ 50 分贝
电冰箱	34 ~ 45 分贝
大声说话	70 分贝
电话铃	75 分贝
洗衣机	80 分贝
抽油烟机	90 ~ 100 分贝
邻居家的电钻	110 分贝

在家居装修时，注意防止家用电器的噪声污染。在购置家用电器时，要选择质量好、噪声小的。尽量不要把家用电器集于一室，冰箱最好不要放在卧室。尽量避免各种家用电器同时使用。一旦家用电器发生故障，要及时排除，因为"带病工作"的家用电器产生的噪声比正常机器工作的声音大得多。

遇到室内噪声污染的情况，可进行室内噪声检测，然后根据污染源采取相应的措施。如果是由外界造成的噪声污染，可与有关部门联系解决。

环保家装选择环保材料

环保家装最重要的是环保材料的选择。家庭装修中使用的材料和装饰物不外乎地板、油漆、壁纸、橱柜黏合剂、板材等。那么对于这几种常用的装修材料，购买的时候应该注意哪些问题呢？

地板：

家庭装修中，地板是项大开支，装修完工后，地板也是释放甲醛比重比较大的部分。很多家庭装修完后室内甲醛超标，产生刺鼻气味，就是因为买了不达标的地板所致。选择环保的地板主要注意以下几点：首先要索要地板的标准说明书；其次要认准环保标志；第三是自己进行实测，就是对着横板的芯头闻，闻到味道很刺鼻，同时感到眼睛不舒服的即为不合格产品，不适合用于家庭装修。任何一种木制品，只要是有着正常嗅觉功能的消费者能闻出异味，其甲醛释放量就在我国绿色木制品标准的 5 倍以上，这样的产品一定不能选择，否则就会给家里埋下安全隐患。

油漆：

市场上的油漆琳琅满目，选择时一定要先看油漆外包装的标签标志。这些标志中应有产品名称、执行标准号、生产地、型号、规格、使用说明等。如果是知名品牌，一般还附有国家免检证书、名牌证书和中国驰名商标标志。木器漆必须符合国家质量标准，购买时可要求销售商提供有资质单位出具的合格的环保检测报告。质量好的产品往往专业性更强，销售方会根据不同的板材提供技术指导和售后服务。

壁纸：

选择壁纸的方法其实很简单，就是一看、二摸、三擦、四闻。一看是看壁纸的表面是否存在色差、皱褶和气泡，壁纸的图案是否清晰、色彩是否均匀。二摸是在看过之后，用手体验一下壁纸的质感，感觉是否舒适，纸的薄厚是否一致。三擦是可以裁一块壁纸小样，用湿布擦拭纸面，看看是否有脱色的现象。四闻是仔细闻闻所选壁纸的味道，如果壁纸有异味，很可能是甲醛、氯乙烯等挥发性物质含量较高，这样的话最好是放弃这款，继续寻找下一个目标，再根据以上的方法进行挑选。

橱柜：

橱柜生产需要经过一个非常复杂的过程，其中很多因素都会影响到环保系数，如封边、黏胶、门板烤漆等，往往都会含有大量有害物质，而不合格的台面、踢脚线中往往也会含有一定量的甲醛和其他有害物质。因此，板材环保就等于橱柜环保是极不科学的一种说法。不能说板材是环保产品，做成的橱柜就是环保橱柜。板材环保只是生产环保橱柜的一个前提，要想更安全，最好选择大品牌的产品。

黏合剂：

黏合剂在家庭装修中使用量是很大的，但选不好将会成为最大的污染源。好的黏合剂都会有环保标志产品认证，而假冒伪劣的黏合剂也好辨别，其主要特征是：胶体浑浊，存放较长时间后出现分层，开启容器时有刺鼻的气味。

板材：

大芯板也叫细木工板，是装修中常用的材料之一。板材的大量应用是产生室内污染的主要源头之一，因为板材经过加工，往往都含有甲醛等有害物质。因此，购买板材时一定要挑选环保级别达标的。十环认证是由国家环保总局授权的绿色认证，消费者购买大芯板时认准十环标志，能最大限度地保证所购买的产品质量，避免日后带来不必要的麻烦。要大量使用板材时，选择的环保级别越高越好，因为在固定的空间中，甲醛的含量会因为板材的使用量越大而积累越多。选购板材可通过查看检测报告和现场切边角两种方式结合考察。权威的检测报告会很清晰地呈现板材中的甲醛含量。另外也可要求商家现场取出一张板，锯掉其边角，然后闻其气味，如有明显的刺鼻气味，其环保性自然是无法保障。除了看细木工板的木表皮，观察其构造也非常重要，好板材的板芯侧面组合木条比例比较均匀，而质量较次的板材的侧面组合木条比例相差较大，没有规则。

如何防止装修污染

装修污染一直以来是人们比较头疼的问题，它不仅给室内环境造成一定影响，还对人们的健康造成威胁，所以，在家庭装修时，要尽量避免装修污染。

装修污染的治理

一是要控制源头。在设计和在签订装修合同时，必须严格把关，确定好施工工艺和材料的厂家、品牌、等级等，确保使用环保材料及环保工艺；二是要控制过程。在施工过程中要严格把好材料使用关，防止施工人员以次充好、偷梁换柱，将绿色环保材料改成劣质、不环保的材料。如果在这两个环节上都把好关了，防止家居装修污染就有了保障。

相关链接

警惕家居装修中的误区

室内环境污染问题已经成为人类健康的威胁之一。很多人在进行家庭装修的时候注意到了这个问题，但是由于人们在这方面知识匮乏，操作不当，反而容易走进装修误区，效果必然适得其反。

误区之一：选择环保材料便可以放心入住。

先要弄清楚什么是环保装修，当然除了注意装饰材料的选择外，还要注意科学地确定装修的设计方案和施工工艺。要注意各种建筑装饰材料的合理搭配，房屋空间承载量的计算和室内通风量的计算等等。有的人以为使用的装修材料达标就没有问题，但是如果在同一房间大量使用同种产品很有可能会使其释放出来的气体在一定空间内超标。

误区之二：装修设计追求豪华，不考虑安全和环保。

装修中，人们都希望房间美观豪华，在购买高档材料的同时，却不知有可能会影响健康。因此，一定要注意尽可能多地使用环保材料，购买前查阅有关检测报告、数据证明，以减少污染。

误区之三：先装修后治理。

许多消费者在家装完毕后才开始真正考虑家装污染问题，事后采取补救措施往往达不到最好的效果。在装修过程中用甲醛清除剂及胶用除醛剂对材料中的甲醛进行彻底清除，使用装修除味剂等除味产品对苯系物等进行彻底处理，经过这样处理的建材，装修后绝大部分都能达到国家规定的环保标准。

误区之四：凭气味判断有无污染。

许多消费者是凭借气味判断家中装修是否存在污染的。有关专家指出，这样的方法非常不科学。在造成室内污染的主要有毒有害气体中，有的是有气味的，如苯有少许芳香味，甲醛、氨则刺鼻刺眼。这些有毒气体即使闻不到，也并不代表没有，一般超标4倍以上才会使人直观感觉到。因此凭气味来判断什么是污染是不准确的，唯一科学的方法就是用科学仪器进行检测。

误区之五：采用空气清新剂或菠萝皮、橘子皮来净化室内空气。

不少消费者以为空气清新剂或者橘子皮之类的东西能够消除甲醛等有害气体。实际上空气清新剂或菠萝皮、橘子皮只能用其香型气体掩盖有异味的有害气体，而不能将其吸附或分解。

误区之六：忽视家具造成的室内环境污染。

许多消费者只注意到了装修过程中各种建材造成的室内环境污染，而不知道家具也是污染源。家具中的黏合剂、木板、油漆等也会释放出甲醛等有害气体。消费者在购买家具时应该注意不要购买有异味的家具，最好到正规的家具商场购买品牌家具。

第三节　绿色环保的家居习惯

经常通风有助于全家健康

居室内空气质量的好坏直接关系到身体的健康。经常给居室通风换气，可变换室内的温度和湿度，从而刺激皮肤的血液循环，促进汗液蒸发及散热，提高人体的舒适感。

清晨早起，打开窗户，一股清新之风会扑面而来，沁人心脾，令人精神顿时为之一振。经过一夜的呼吸，室内空气中的氧气被消耗了许多，而二氧化碳的含量却增高了，严重污染了空气，因此，开窗通风换气，可把二氧化碳、一氧化碳、二氧化硫等各种有害气体以及灰尘和微生物排出室外，让新鲜空气补充进来，从而给身体一个良好的空气质量保证。

空调房内也要经常通风。有研究表明，一般居室空调环境存在的突出问

开窗通风有益健康

题是新风补充不足，有害气体浓度偏高。成人在通常情况下，每小时约呼出25升二氧化碳，里面至少含有20多种有害物质。由于空气流通不畅或人员密集，再加上室内家具、设备、装修材料都会产生各种污染物，时间一长，就会使人产生头脑发胀、胸闷、易疲劳、嗜睡等感觉，危及身心健康。因此，安装空调的居室也要经常打开门窗自然通风，保证空气卫生质量。

居室的自然通风形式很多，其中效果最好的是穿堂风。穿堂风就是指从建筑物的迎风面进风，窗洞或门洞吹进，穿过住宅室内从背风面吹出的风。据测定，当房间的穿堂风比较充足时，在20分钟左右，室内温度可下降 $0.9℃～2.2℃$。

不具备自然通风条件的空间就要考虑安装合适的机械装置。机械通风装置的设置，应使居室气压高于厨房、卫生间气压。宜在厨房、卫生间设机械排风，居室设机械送风。空调房间的排风宜经厨房、卫生间等非空调房间排出，充分利用排风中的冷气。

时刻小心防范家庭氡污染

氡，是由铀、镭衰变而来的一种无色、无味的放射性气体，这种放射性可以破坏形成的任何化合物。氡的分布很广，地壳、岩石、空气、水、土壤以及我们周围的环境中都含有不同程度的氡，当氡的含量增加到一定程度时就会对人体产生危害。由于氡是放射性气体，当人们吸入体内后，氡衰变发生的阿尔法粒子可对人的呼吸系统造成辐射损伤，诱发肺癌。专家研究表明，氡是除吸烟以外引起肺癌的第二大因素。世界卫生组织把它列为19种主要的环境致癌物质之一，国际癌症研究机构也认为氡是室内重要致癌物质。

室内氡污染可引发肺病

家庭中的氡主要来源于：从房基土壤中析出的氡；建筑材料，特别是一些含有放射性元素的天然石材易释放出氡；通过户外空气进入室内的氡；供水及用于取暖和厨房设备的天然气中释放出的氡。室内的氡含量无论高低都会对人体造成危害，但只要注意降低住房里的氡含量就可以减少这种危害。普通家庭可以通过以下几种方法防范氡污染：

1. 在建房或购房前，有条件的可先请有关部门对氡的浓度进行检测，然后采取降氡措施。

2. 建筑材料的选择。在建筑施工和居室装饰装修时，尽量选择符合国家标准的低放射性建筑装饰材料。

3. 在建筑或装修施工时要注意对地板和墙上的所有裂缝进行密封处理，尤其是地下室和三层以下的住房，以及室内氡含量比较高的房间更要注意，这种做法可以有效减少氡的析出。

4. 经常给房间通风换气，或安装室内空气净化器，这是降低室内氡浓度的有效方法。据专家试验，一间氡浓度在151贝克/立方米的房间，开窗通风1小时后，室内氡浓度就降为48贝克/立方米。

改善居室空气的几大妙招

人的一生中平均有超过3/5的时间都是在室内度过的，这个比例在城市里高达4/5。因此，室内空气质量与人体健康的关系十分密切。

室内空气的污染主要来自：建筑装修材料释放出的有害气体；家庭使用的一些空气清新剂、杀虫剂、香水等日化用品的污染；做饭、抽烟产生的油烟；室内家电的使用造成的空气污染；潮湿环境下滋生的细菌污染等等。此外，人体本身的新陈代谢也会释放出大量废气。如果人们长期生活在一个空气流通不畅、污染严重的居室内，必然会对健康造成影响。下面就介绍几种改善居室空气的妙招：

1. 在装修居室或者添置家具时，尽量选择符合国家生产标准的绿色无污染产品，可以避免这些物品长期释放有害气体。

家居绿化

2. 适时开窗通风。比如在早晨起床之后，长时间使用电脑、电视机、微波炉等家电之后，吸烟之后要尽量开窗通风。

3. 种植绿色植物。比如金琥、吊兰等植物，放置在室内可以起到净化空气的效果。

4. 使用空气净化器。空气净化器可以将各种污物清除或吸附，从而达到清洁、净化空气的目的，为人们提供一个类似大自然新鲜空气的"微气候环境"。

5. 养成良好的居家生活习惯。尽量减少使用空气清新剂、杀虫剂等对空气产生污染的化学制剂；打扫卫生时多选用吸尘器、拖把，减少使用鸡毛掸子、扫帚，这样可以减少灰尘对空气的污染；马桶冲水时放下盖子，平时不用时尽量不要打开。这些好的习惯都可以对室内空气的优化起到作用。

卧室物品摆设中的非必需

人每天有 1/3 的时间要在卧室度过，在这期间大约要呼吸 7000 次，通过的空气量约有 2400 升。如果卧室的空气质量差，如含有各种化学污染物或细菌、病毒等致病微生物，对人体健康的损害是不言而喻的。随着生活水平的提高，住房条件也越来越好，很多人在卧室装修时一味注重美观、豪华，一些大户型的房子甚至会在卧室内配备洗手间、衣帽间等，甚至为了图方便，人们把电视、电脑等都搬进卧室……人们的一系列行为都在无形中对卧室的睡眠环境造成了破坏。那么，哪些东西是卧室物品非必需的呢？

1. 电视机、电脑等家电进卧房。电视机、电脑、手机等工作时，产生的电磁辐射超过一定强度后，会导致人头疼、失眠、记忆衰退、视力下降、血压升高或下降等。因此，不要将电视机、电脑、电冰箱集中摆放在卧室里，以免使自己暴露在超剂量辐射的危险中。同时，睡前用电脑、看电视都会使人的睡眠质量下降。

2. 在卧室里用水族箱养鱼。鱼缸蒸发的水汽能调节室内空气的干湿度，但需要注意的是，最好不要在卧室内养鱼，因为水族箱不同于一般鱼缸，散发的水汽很多，会使室内的湿度增大，容易滋生霉菌，导致生物性污染；水族箱的气泵还会产生噪音，影响睡眠。若非常喜欢在卧室放置鱼缸，则可以选择那种小巧的玻璃鱼缸。

鱼 缸

3. 卧室内过多摆放绿色植物。绿色植物能够净化空气，增加含氧量，而且能舒缓紧张情绪。然而，当夜晚光照不足时，绿色植物会吸入氧气，放出二氧化碳。卧室里绿色植物越多，呼出的二氧化碳就越多，加上睡觉时关闭门窗，室内空气不流通，就会使人长时间处于缺氧的环境，造成持续性疲劳，难以进入深度睡眠，长此以往会降低工作效率。而且植物的土壤中可能隐藏着大量霉菌，霉菌散布到空气中会引发呼吸系统疾病，如过敏或哮喘。若要想摆放植物，可以适当摆放类似仙人掌类的植物，在夜晚制造氧气，吸附有害气体。

冬日家居保暖节能方法

在冬季，人们都渴望自己的家里能温暖如春，但是很多人发现在正式供暖之后室内温度比较低，房间暖气不足，或者虽然暖气片热得烫手，但是室

温却不高。那么，有什么简单的方法来解决冬季室内环境保温保暖和节能问题呢？

室内供暖

1. 暖气罩倒装百叶网。很多人在居室装修时为了美观，给散热器安上暖气罩，这就降低了散热效果。

解决这一问题的方法是，打开暖气罩，或者将暖气罩倒装，让百叶网朝上，这样可以收到比较好的散热效果。

2. 散热器后面装反射膜。在散热器后面的墙壁上加装金属表面的铝扣板，或采用厨房使用的灶台金属膜或者烤制食品用的金属膜，可以起到保温和反射热量的效果。

3. 新换散热器要及时放气。如果新散热器里面的空气和冷水不能放尽，散热效果就会大打折扣。

正确的处理方法是，在确认暖气供热以后，先关闭散热器的出水阀门，随后打开进水阀门，同时用手摸有温度的管道阀门，打开散热器的放气阀门放气、放水，放气以后出热水的时候，再关闭放气阀门，最后打开散热器出水阀门。这样处理后，如果没有安装和设计上的问题，散热器就会热起来了。

4. 加贴玻璃贴保温膜，使用保温涂料。据测算，冬季室内40%的热量是通过窗户玻璃散失的，特别是一些有落地窗的居室，冬季室内温度必然比较低。这种情况下，可以采用粘贴玻璃保温膜和涂刷玻璃保温涂料的方法，在不影响玻璃采光的前提下，可以起到保温、防止热量散失的作用。

5. 改变室内装饰风格。在冬季，可以采用布艺家具来代替实木或者铁制、藤制家具，或者用布艺材料包装木质坐椅。客厅、卧室的石材和瓷砖地面铺装地毯，照明设备也最好更换为暖光源的灯，墙面挂壁毯，并换上质感厚重、深色系的窗帘。这样可以带给人视觉上的温暖。

6. 门窗加装密封条。老房子或者是门窗的密封条出现老化，都会造成室内热量的散发，这就需要加装密封条或重新更换密封条来阻止热量的散失。

相关链接

为什么夏季室内污染更严重？

室内环境调查证明，与其他季节相比，夏季室内空气污染指标会高出20%左右。

造成这种情况首先是由于高温改变了人们的生活习惯。在高温季节，人们普遍会减少室外活动，由于空调设备的普遍使用，室内的空气往往成为一个密闭系统，缺乏通风换气的环境，使得室内空气污染物明显增加。

而夏季受热度和湿度的影响，室内有毒有害气体释放量也会增加。日本室内环境专家研究证明，室内温度在30℃时，室内有毒有害气体释放量最高。比如，甲醛的沸点是-19℃，随着夏天的到来，甲醛的挥发量会明显升高。这就是为什么很多冬天装修的房子，刚装修好时甲醛检测没有超标，而到了夏天入住时反而超标的原因。另外，夏季室内化学物品、塑料制品、卫生间和厨房产生的气味污染也比较突出，这些气味不一定都是有害的，但人们长时间待在有异味的环境中，会感到难受，有可能引发呕吐、头疼等问题，甚至诱发各种慢性病。

医学研究表明，气温高的时候，人体的血管扩张，血液的黏稠度增加，人体本身的抵抗力会下降，再加上室内空气中各种化学性污染物质的侵害，更容易对人体造成伤害，患有心血管病的人容易加重病情。可以说，在高温的"蒸烤"下，夏季室内空气污染更加严重，而人们的生活习惯和对室内污染的认识误区，更可能加重这种污染的后果。

空调：牺牲健康换舒适

夏天，人们普遍喜欢待在空调房里躲避酷暑。然而，空调在给我们带来舒适的同时，也可能让我们付出健康的代价。中国疾病预防控制中心研究员戴自祝指出，在室内空气的污染源中，来自空调系统的就占了42%以上。

有这样一件事，北京一座高层写字楼在检查中央空调时，从风管内清理出了2吨多的污染物。由于空调运行时温度和湿度适中，中央空调末端的风机盘管和风管成为细菌滋生的温床。随着中央空调的运行，这些主要由冠状病毒、支原体、衣原体、嗜肺军团菌等组成的菌团，便会被散布到整座建筑物的室内。值得注意的是，这些细菌都是人类健康杀手。其中嗜肺军团菌的病死率在5%~30%左右，目前还没有预防军团菌感染的疫苗。

家用空调的卫生情况同样令人担忧。据国家统计局公布的2006年统计数据显示，我国已成为世界上空调用户最多的国家，全国每百户家庭空调拥有率已达到87.8%。上海去年对空调系统的一次专项调查中显示，分体式空调过滤网与散热片的细菌与霉菌污染明显高于中央空调；家用空调散热片上的菌落数，最高超过国家制定的中央空调标准的10000倍。上海十几家医院皮肤科一项临床调查发现，因家用空调污染引起的皮肤过敏、呼吸道疾病的患者，竟占总数的五成左右。

与中央空调和家用空调相比，汽车空调的卫生情况更容易被忽视。许多私家车车主和出租汽车司机没有清洗过汽车空调，有人甚至不知道汽车空调需要清洗。而事实上，汽车内空间狭小，密闭性能非常好，又经常在路上跑，更容易遭受污染。

缓解室内污染的重要手段是通风，这种手段是最简单最有效的。

针对夏季高温导致室内空气污染加重的现象，除了根据不同的污染源有针对性地采取不同治理措施外，专家还建议采取一个简单而有效的方式，那就是加强室内通风。

中国室内环境监测委员会主任宋广生说："通风换气是最经济也是最有效的方法，一方面它有利于室内污染物的排放，另一方面可以使装修材料中的有毒气体尽早释放出来。"

值得注意的是，开窗通风并不是整天让门窗洞开。在工业比较集中的城市，昼夜有两个污染高峰和两个相对清洁的低谷。两个污染高峰一般在日出前后和傍晚，两个相对清洁时段是上午 10 时和下午 3 时前后。另外，不同的天气，空气质量也会不同，雨雪天污染物得到清洗，潮湿天气污染物易扩散，这两种天气情况下，空气质量较高。研究表明，在无风、室内外温差为 20℃的情况下，大约十几分钟就可使空气交换一遍。若室内外温差小，交换时间相应要延长。因此，每天开窗通风的时间和次数，应根据住房大小、人口多少、起居习惯、室内污染程度以及天气情况进行合理安排。

饮 食 篇

第一节 食品安全

我们今天吃的食品安全吗

国以民为本，民以食为天，食以安为先。食物是人类赖以生存和发展的最基本的条件，因此，食品安全不仅是一个国家的问题，更是一个世界性的课题。不论是发展中国家还是发达国家，化学污染的二噁英、重金属、瘦肉精的非法使用，食品毒素、包装材料以及环境污染物，包括药物残留、其他化学品残留等食品安全问题都时有发生。美国每年有 7600 万人患食源性疾

执法人员对食品安全生产的检查

病，其中 32.5 万人住院，约 5000 人死亡。发达国家的食源性疾病也并没有随着经济、技术的发展而减少。随着食物链的延长，食品污染的机会增加，病原体存活和生长的机会增多，食品工业化的加强及大批量食品分销都是导致食源性疾病大规模爆发的主要原因。这种影响还会随着经济全球化的发展，从一个企业蔓延到一个地区、一个国家乃至几个国家。

我们如何应对食品安全问题

"今天我们能吃什么？"——苏丹红事件、方便面致癌风波、三聚氰胺事件等一系列食品安全问题出现后，人们对食品产生恐惧心理，纷纷发出此问。面对种种食品安全问题的出现，我们这些消费者该怎样去应对呢？

"食"面埋伏

其实，对于食品来说，人们可以相信，大多数食品都是安全的，有问题的只是个别案例，不能代表主流。从理性的角度来看，世界上不会存在真正零风险的食物，因为我们不是生活在真空中。中国疾病控制中心（CDC）食

品营养和安全研究所吴永宁博士提醒消费者："人们所期待的食品100%安全是一种理想状态，关键是要分清食品包含有害物质与食品有毒是两码事。"他解释说："按现有科学检测水平，绝大多数食品都存在有害物质。检测机构通过对食品中有害物质进行健康危害风险评估，根据'剂量决定毒性'的原则，当有害物质达到一个临界区域时，才会对健康造成危害。"吴永宁强调，完全没有必要因为某种食品或者某个厂家的产品出了点问题，就认为所有产品都有问题，把"有害物质"的副作用夸大了。

但是为了对自身健康负责，我们在购买食品时要注意：一是要选购带有QS标志的食品，这是企业获得生产许可的标志。二是用感官初步鉴别，观察食物是否腐败变质、油脂酸败、霉变、生虫、污秽不洁、混有异物或者有其他感官性状异常。三是挑选食品时看包装。观察包装物有没有破损，印刷是否正规，避免买到受污染或者假冒的食品。四是注意看说明和标签。标签涵盖了产品的许多重要信息，注意看一下食品配料中的添加剂标注情况。最好去正规超市、商场或商店购买食品，因其对进货渠道把关比较严，产品质量比较有保证。同时，要注意收集政府部门在媒体上发布的食品质量信息。此外，发现食品质量问题要及时向销售商、生产企业或者质监部门投诉，学会用法律手段保护自己。

第二节　绿色环保食品

什么是绿色食品

"绿色食品"是特指遵循可持续发展原则，按照特定生产方式生产，经专门机构认证、许可使用绿色食品标志的无污染的安全、优质、营养类食品。之所以称为"绿色"，是因为自然资源和生态环境是食品生产的基本条件，由于与生命、资源、环境保护相关的事物国际上通常冠之以"绿色"，为了突出这类食品出自良好的生态环境，并能给人们带来旺盛的生命活力，因此将其定名为"绿色食品"。绿色食品通常标有绿色食品标志，由太阳、叶片和蓓蕾三部分构成，标志着绿色食品是出自纯净、良好生态环境的安全无污染食品。按照有关规定，绿色食品生产、加工和检验都必须根据特定标准体系实施，只有经过专门机构认定并授予了绿色食品标志使用权的产品才是绿色食品。

绿色食品质量标准体系内容

绿色食品质量标准体系内容包括产地环境质量标准、生产技术标准、产品标准、产品包装标准和储藏、运输标准。

乌鸡绿色养殖基地

绿色食品的产地环境质量标准要求绿色食品初级产品和加工产品主要原料的产地和生长区域内没有工业企业的直接污染，水域上游和上风口没有污染源对该地区域直接构成污染威胁，从而使产地区域内大气、土壤、水体等生态因素符合绿色食品产地生态环境质量标准，并有一套保证措施，确保该区域在今后的生产过程中环境质量不下降。

绿色食品生产技术标准指绿色食品种植、养殖和食品加工各个环节必须遵循的技术规范。该标准的核心内容是：在总结各地作物种植、畜禽饲养、

水产养殖和食品加工等生产技术和经验的基础上，按照绿色食品生产资料使用标准要求，指导绿色食品生产者进行生产和加工活动。

绿色食品最终产品必须由定点的食品监测机构依据绿色食品产品标准检测合格。绿色食品产品标准是以国家标准为基础，参照国际标准和国外先进技术制定的，其突出特点是产品的卫生指标高于国家现行标准。

绿色食品产品包装标准规定了产品包装必须遵循的原则、包装材料的选择、包装标志内容等要求，目的是防止产品遭受污染，资源过度浪费，并促进产品销售，保护广大消费者的利益，同时有利于树立绿色食品产品整体形象。

绿色食品储藏、运输标准对绿色食品储运的条件、方法、时间作出规定，以保证绿色食品在储运过程中不遭受污染、不改变品质，并有利于环保、节能。

如何识别绿色食品

消费者在选购绿色食品时要注意这样的细节，绿色食品实行的是四位一体的包装，凡绿色食品产品的包装上都同时印有绿色食品标志、文字、批准号，并贴有激光防伪标志。消费者在选购绿色食品时要注意以下三点：1. 标志。绿色食品外包装上都带有醒目的、全国统一的绿色食品标志。2. 文字。"绿色食品"四字及英译名"Green Food"的标准字体和字形。3. 批准号。绿色食品批准号由英文字母"LB"和 12 位数字组成，其形式是 LB－XX－XXXXXXXXXX，一、二位数表示产品分类；三、四位数表示产品批准使用的年度（有效期为三年）；五、六位数表示该产品产地的国别；七、八位数代表企业所属地区（按全国行政区域划分）；九、十、十一位数表示当年产品的序号；末位数表示产品的分级，"1"表示 A 级，"2"表示 AA 级。如：LB－40－9801011231，LB 代表"绿标"，40 代表"产品类别"，98 代表"年份"，01 代表"中国"，01 代表"北京市"，123 代表"当年批准的第 123 个产品"。在选购食品时稍加留意就可买到放心产品。

有机食品——绿色环保生态食品

有机食品是指在生产加工中不使用化学农药、化肥、化学防腐剂和添加剂，也不用基因工程生物及其产物为原料的安全环保生态食品。

有机食品在生产加工过程中绝对禁止使用农药、化肥、激素等人工合成物质，并且不允许使用基因工程技术。其他食品则允许有限使用这些物质，并且不禁止使用基因工程技术。如绿色食品对基因工程技术和辐射技术的使用就未作规定。

有机食品在土地生产转型方面有严格规定。考虑到某些物质在环境中会残留相当一段时间，土地从生产其他食品到生产有机食品需要两到三年的转换期，而生产绿色食品和无公害食品则没有转换期的要求。

有机食品标志

有机食品生产过程中在数量上进行严格控制，要求定地块、定产量，生产其他食品没有如此严格的要求。

因此可以说有机食品是真正的源自自然、富营养、高品质的安全环保生态食品。

相关链接

1. 转基因食品是否会危害健康？

一百年来，传统的育种技术为人类提供了许多高产优质的粮食、水果和肉、禽、蛋和奶，但它们没有在亲缘关系很远的物种间进行过基因交换，更没有在植物和动物，或高等生物和微生物之间进行过杂交。基因工程则是突破天然种间屏障进行的杂交，使人类的基因可能植入细菌中，牛的基因可能进入土豆或西红柿中。基因工程食品的出现无疑是人类征服自然的伟大成就。那么这些非天然的食品是否会给人类带来危害呢？

转基因食品，你敢吃吗?

尽管将转基因技术应用于食品的生产或制造有诸多好处，但在评估食品的安全性时，仍必须分析由基因改造所产生的预期及非预期效果。由于转基因食品不同于相同生物来源的传统食品，遗传性状的改变将可能影响细胞内的蛋白质组成，进而造成成分浓度变化或新的代谢物生成，其结果可能导致有毒物质产生或引起人的过敏症状，甚至有人怀疑基因会在人体内发生转移，造成难以想象的后果。曾有科学研究表明转基因食品的潜在危害包括：食物内所产生的新毒素和过敏原；非自然食物所引起的其他损害健康的影响；应用在农作物上的化学药品增加水和食物的污染；抗除草剂的杂草会产生；疾病的散播跨越物种障碍；农作物的生物多样化的损失；生态平衡的破坏。

例如，已经发现一种基因工程大豆会引起严重的过敏反应；用基因工程细菌生产的食品添加剂色氨酸曾导致 37 人死亡和 1500 多人残废。最近发现，美国许多超级市场的牛奶中，含有在牧场中施用过的基因工程的牛生长激素。一个著名的基因工程公司生产的西红柿耐储藏、便于运输，但它们含有对抗抗生素的抗药基因，这些基因可以存留在人体内。人造的特性和不可避免的不完美会一代一代地流传下去，影响其他有关及无关的生物，它们将永远无法被收回或控制，后果是目前无法估计的。

所以，我们还需要慎重对待转基因食品。

2. 转基因作物的种植与环境问题

英国政府曾经发表的一份报告中指出，转基因农作物的种植可能会对环境造成影响。报告认为，除草剂对采用生物技术开发出来的转基因农作物比普通农作物的适用范围更广泛，而某些除草剂虽然对农作物不会造成伤害，但是在物种多样化受到威胁的同时，昆虫的数量也随之减少，食物链的破坏会危及野生动物的生存。这说明，转基因作物作为新型繁殖育种的一种新形式，在一定意义上还存在缺陷，对环境可能会造成危害，主要表现在以下几个方面：

（1）毒性。由于尚未开展广泛的流行病学调查，目前没有证据表明转基因作物对人类是有毒性的。转基因作物可能对野生动植物产生毒害引起了更大关注，尤其是那些抗虫性品种。

（2）"超级有害物"的发展。转基因作物与附近的杂草杂交，可使抗除草剂性或其他有益的性状转移到杂草上。此外，还有一个明显的威胁就是杂草或昆虫可通过进化对某些杀虫剂产生抗性。虽然这一现象可能且已经影响到常规的和转基因的作物品种，但就转基因作物更大地依赖于某一单一基因或除草剂时，发展抗性的进化压力是巨大的。

（3）向单一种植转移。尽管一些研究表明，转基因作物不会显著降低生物的多样性，但一些反对者担心，转基因作物可能会导致品种单一化：种植的作物品种较少。目前，2/3 的农产品仅来自 3 个驯化的作物品种：水稻、小麦和玉米。传统上，农民通过季节性的轮作控制某些昆虫。抗虫性转基因作物的使用可能会减少这种做法，并有可能潜在地增加单一种植，这不仅可能会对粮食安全造成长期威胁，也会影响到一些物种和农作物之间的食物链。所以，这种生态不平衡性的危险还是存在的。

3. 环保者食素的三大理由

第一个理由：食素是出于环保的需要。

联合国环境规划署曾公布了一份报告，其中警告说：虽然粮食危机暂时淡出了人们的视线，但如果环境继续恶化以及人们仍不能以环保的方式发展农业，未来全球可能面临更加严重的粮食危机。报告说，现在全球有超过1/3的粮食被用作牲畜饲料，按照这一趋势发展下去，随着牲畜数量的不断增长，到2050年这一比例将上升至50%，从而进一步加剧粮食危机。生产一公斤牛肉需要约10公斤谷物和10万公升的水。如果我们不改变生活的方式，那么很快我们就将面临全球范围的经济崩溃——这不是来自金融危机，而是来自水资源危机。但人们为了吃肉，把将近70%的水用在喂养经济动物上。而且大量经济型动物的饲养会释放出甲烷气体，这也是温室效应的罪魁祸首之一。由此看来，吃肉既浪费能源，又破坏环境，对世界饥荒和不稳定因素负有难以推卸的责任。为何这还不能引起人们的深思？

素食风潮

　　第二个理由：食素是出于身体健康的需要。

　　我们每个人都有保持身体健康的需要。那么什么样的食物才是最健康的？素食！

　　吃肉既损害了地球生态的平衡，又损害了人类自己的健康！为什么这么说呢？数据显示，在中国人的死亡率中，有47%是由于饮食结构不当引起的。这与近年来谷物类食物摄入的大幅下降，动物类食物摄入的大幅攀升呈正相关。《中国健康调查报告》一书中提到，科学证据确凿无疑，研究结论令人震惊：过量摄入动物蛋白，尤其是占牛奶蛋白87%的酪蛋白，能显著增加癌症、心脏病、糖尿病、多发性硬化症、肾结石、骨质疏松症、高血压、白内障和老年痴呆症等的患病几率。而更令人震惊的是，所有这些疾病都可以通过调整膳食来进行控制和治疗。坎贝尔教授在书中有一个十分明确的观点就是：以动物性食物为主的膳食会导致慢性疾病的发生（如肥胖、冠心病、肿瘤、骨质疏松等）；以植物性食物为主的膳食最有利健康，也最能有效地预防和控制慢性疾病。用通俗的话讲就是：多吃粮食、蔬菜和水果，少吃鸡、鸭、鱼、肉、蛋、奶等。

吃素的第三个理由：出于爱心和尊重生命。

只有尊重其他生命，我们自己的生命才能得到尊重。

尊重生命是这个星球乃至宇宙最基本的原则，因为生命是所有存在中最可贵的。所以一个星球要进化，首先要不杀害生命，并尊重造化赋予的平等生命权利。否则所谓的文明，可能变成以文明的借口杀害更多的生命，乃至毁灭这个星球而不自觉。在这个地球上，人们在享受自己的生命的同时，也在无情剥夺其他生命。动物的命运在这个文明的时代受到最不文明的对待。这个时代的人们为了满足自己的欲望，不仅侵占了动物的生存空间，使很多物种灭绝，还开始进行大规模的牲畜养殖，不是为了让它们更好地生存，而是为了吃它们的肉。

况且，现在人类依靠谷物和植物蛋白替代品完全可以生存得更好、更健康。肉食已经大大减损了人类的寿命，并时刻损害着人们的健康。以肉食为目的的畜牧业，是造成全球暖化的重要原因。在各种灾难危机临近之时，人类应该反思自己对待动物的方式。改变饮食方式，推行素食，我们才能建立一个和谐的绿色家园。

第三节　饮食和人体健康

环保饮食抵制癌症

1. 警惕六类致癌食物

癌症是项长期的可逆性"工程"，不良的饮食习惯可以引起癌变多发。癌症高发病率前几位的肝癌、鼻咽癌、肺癌、胃癌等，都与各种不良的饮食和生活方式密切相关。所以，人们在日常生活中一定要注意远离以下几种高致癌的食物。

警惕身边的致癌食物

（1）黄曲霉菌

黄曲霉菌是目前发现的化学致癌物中最强的物质之一，它是黄曲霉和寄生贡霉污染食品后代谢产生的毒素，人体摄入后可引起肝癌，还可以诱发骨癌、肾癌、直肠癌、乳腺癌、卵巢癌等。黄曲霉菌主要存在于被黄曲霉污染过的粮食、油及其制品中，如被黄曲霉污染的花生、花生油、玉米、大米、棉籽等最为常见。在干果类食品如胡桃、杏仁、榛子、干辣椒中，在动物性食品如肝、咸鱼中以及奶和奶制品中都曾发现过黄曲霉菌。目前，国际癌症中心已将黄曲霉菌定为致癌物。所以，在饮食方面应尽量避开被黄曲霉菌污染的食物。

（2）亚硝酸盐

这是一大类对人类有强致癌性的物质，它普遍存在于腌制食品中，咸菜、咸肉、酸菜等都含有亚硝酸盐；发酵食品中的酱油、醋、油、酸菜也存在；不新鲜蔬菜经细菌及酶的作用，可由硝酸盐还原为亚硝酸盐。亚硝酸盐能诱发食道癌、鼻咽癌、胃癌、肝癌和膀胱癌等，其中最突出的是亚硝胺。蔬菜中含有较多硝酸盐类，煮熟后放置过久，在细菌酶作用下，硝酸盐会还原成亚硝酸盐，与胃内蛋白质分解的产物相作用，形成致癌的亚硝胺。人们在吃了这些剩菜后，易诱发胃癌。为了预防此类事情的发生，要注意低盐饮食，可以减少硝酸盐及亚硝酸盐的摄入。而且多吃新鲜蔬菜和水果，其中丰富的维生素 C 能抑制亚硝酸盐与胺结合。

（3）多环芳烃类化合物

多环芳烃类化合物是指含有碳、氢的物质，如煤炭、石油、木柴及植物秸秆、锯末等，在不完全燃烧过程中产生的致癌物质多环芳烃类化合物，如苯并芘。厨房的油烟里通常含有这种物质，它可以通过皮肤、呼吸道和被污染的食品进入人体，导致胃癌、肺癌、皮肤癌、血癌等。其污染食品的途径主要有烧烤食品，如烧烤鱼或肉类时，滴在火焰上的油脂热聚合成多环芳烃附着在鱼、肉上；高温熏制食品如香肠、腊肠、熏制食物等；直接煎炸的动物性食品；糕点、饼干等被烤焦都含有这种物质。在饮食过程中尽量少吃或

不吃这类煎炸烧烤、熏制的食物，尤其不要吃烤焦的食物。

（4）丙烯酰胺

这种物质主要在高碳水化合物、低蛋白质的植物性食品加热（120℃以上）过程中形成，如炸薯条、炸土豆片、脆饼干都会含有较高浓度的丙烯酰胺类物质，咖啡中也含有一定量的丙烯酰胺，饼干和小甜饼等烘烤食品外部也会有少量丙烯酰胺。烹调中的加工温度越高，则产生量越大。丙烯酰胺具有潜在的神经毒性和遗传毒性。实验表明，丙烯酰胺能使多种器官生癌，包括甲状腺、睾丸、肾上腺、中枢神经、口腔、子宫和脑下垂体。在饮食中注意对以上食物的摄入量要有所控制。

（5）农药残留

农药施用后，落在植物上和土壤中，或进入水中，散布在空气中，不断地分解直至完全消失。在这个过程中，一些微量农药原体、有毒代谢物、降解物会慢慢地沉积下来，残存在生物体、农副产品和环境中，称为"农药残留"。目前使用的农药多是有机氯、有机磷、有机氮等，其中有机氯农药危害性最大。动物实验证明，有机氯农药对生殖系统、内分泌系统、神经系统均有影响，还可损害肝肾组织的结构和机能。收获前对蔬菜、水果使用的农药，粮食中的农药残留量高可能造成急性中毒，可使人体，尤其是脂肪组织中农药蓄积量明显升高，有致突变、致畸形和致癌的潜在危险。所以，在食用蔬菜水果时，要多次清洗或者采用一些有效的方法来去除其表面的农药残留。

（6）兽药滥用

现代人的饮食结构中，肉、蛋、禽、乳等动物性食品在膳食结构中的比例越来越大。兽药和饲料添加剂对于防治动物疾病、促进生长、提高饲料转化率等具有重要作用。与此同时，有的商贩不遵守休药期规定，非法使用违禁药物，使用剂量和方法不当，都造成了兽药在动物性食品中的残留，影响人体健康。最为消费者所熟知的当属"瘦肉精事件"。"瘦肉精"学名盐酸克仑特罗，它可以促进猪在代谢过程中蛋白质的合成，加速脂肪的转化和分解，提高猪肉的瘦肉率。但后来的研究发现，该药长期使用会在动物组织中蓄积，而人食用这种猪肉后可发生中毒，孕妇食用会导致癌变和胎儿畸形。除此之外，雌激素、砷制剂、喹恶啉类、硝基呋喃类和硝基咪唑类药物等都已证明有"三致"作用，许多国家都禁止用于动物食品。在选用乳肉类食品时，一定要选有质量保证的产品，同时学习一些基本的辨别常识。

以上几种致癌率比较高的食品最好少吃或者不吃，合理搭配食物，不要为了图一时的口舌之爽而使身体遭受伤害。

2. 日常致癌物质"黑名单"

有些食品是我们生活中经常吃到的，但是你却不知道其实它已经被列入黑名单了，其致癌率是需要我们警惕的。这些食物主要有以下几种：

腌制食品：咸鱼产生的二甲基亚硝酸盐，在体内可以转化为致癌物质二甲基亚硝酸胺。咸蛋、咸菜等同样含有致癌物质，应尽量少吃。

烧烤食品：烤牛肉、烤鸭、烤羊肉、烤鹅、烤乳猪、烤羊肉串等，因含有强致癌物不宜多吃。

熏制食品：如熏肉、熏肝、熏鱼、熏蛋、熏豆腐干等含苯并芘致癌物，常食易患食道癌和胃癌。

油炸食品：煎炸过焦后，产生致癌物质多环芳烃。咖啡烧焦后，苯并芘会增加20倍。油煎饼、臭豆腐、煎炸芋角、油条等，因多数是使用重复多次的油，高温下会产生致癌物。

霉变物质：米、麦、豆、玉米、花生等食品易受潮霉变，被霉菌污染后会产生致癌毒素——黄曲霉菌。

隔夜熟白菜和酸菜：会产生亚硝酸盐，在体内会转化为致癌物质亚硝酸胺。

槟榔：嚼食槟榔是引起口腔癌的一个因素。

反复烧开的水：反复烧开的水含亚硝酸盐，进入人体后生成致癌的亚硝酸胺。

3. 防癌食物8大类

（1）洋葱类：大蒜、洋葱、韭菜、芦笋、青葱等。

（2）十字花科：花椰菜、甘蓝菜、芥菜、萝卜等。

（3）坚果和种子：核桃、松子、开心果、芝麻、杏仁、胡桃、瓜子等。

（4）谷类：玉米、燕麦、米、小麦等。

（5）荚豆类：黄豆、青豆、豌豆等。

（6）水果：柳橙、橘子、苹果、哈密瓜、奇异果、西瓜、柠檬、葡萄、葡萄柚、草莓、菠萝、柠檬等。

（7）茄科：番茄、马铃薯、番茄薯、甜菜等。

（8）状花科：胡萝卜、芹菜、荷兰芹、胡荽、莳萝等。

怎样达到环保饮食

1. 十大健康食品排行榜

（1）番茄

多项研究发现，番茄内含的番茄红素能够大幅减少罹患前列腺癌等癌症的几率。在烹煮的过程中，番茄红素就会自然释放；生吃也很好，是最佳的维生素 C 来源。

（2）菠菜

富含丰富的铁及维生素 B，能有效防治血管方面的疾病，并能预防盲眼症。一杯菠菜汁只有 41 卡路里，热量很低，爱美的女士和想要减肥的人们都可以安心食用。

（3）坚果

它不仅可以提供好的胆固醇，并能降低血液中的甘油三酯，是预防心脏病的最佳食品。不论是花生或杏仁等，都是好的选择，唯一要注意的是，食用时务必要适量，千万不要过量食用。

（4）花椰菜

多项研究指出，花椰菜富含胡萝卜素及维生素 C，长期食用可以减少罹患乳癌、直肠癌及胃癌的几率。最佳的食用方法是，简单烹调后使劲地咀嚼。白菜、豆芽也是不错的选择。

（5）燕麦

每天食用燕麦可以降低胆固醇。研究发现，燕麦还可以降低血压，它所含的丰富纤维会使人很快就有饱腹感，如此一来可以减少摄取其他油腻的食品，达到控制体重的目的。

（6）鲑鱼

经常食用可以防止血管阻塞，甚至有研究发现，鲑鱼含的 Omega－3 不饱和脂肪酸成分可以防止脑部老化、老年痴呆等疾病的发生。

（7）大蒜

虽然吃了大蒜后口气难闻，但大蒜却有极佳的防治心脏疾病的功能，不但可以降低胆固醇，还有清血的效用。杀菌功能也使大蒜备受科学家强力推荐。

（8）蓝莓

在所有蔬果中，蓝莓拥有极高的抗氧化剂，除了可以预防心脏病和癌症，还能增进脑力，好处多多。

（9）绿茶

研究发现，经常饮用绿茶可以预防癌症。在中国进行的研究也发现，每天食用绿茶的民众罹患胃癌、食道癌及肝癌的几率较低。日本的研究也发现，每天喝 10 杯绿茶，可以减少罹患心脏病的风险。

（10）红酒

酿酒用的葡萄皮有丰富的抗氧化剂，能够增加好的胆固醇，防止血管硬化。但要注意的是，饮用红酒千万不能过量，否则弄巧反拙，反而罹患乳癌，引发中风，得不偿失。

2. 食用薯类有益健康

马铃薯、红薯、芋头等薯类食物，所含营养素丰富。它们所含的蛋白质和维生素 C、维生素 B_1、维生素 B_2 比苹果高得多，钙、磷、镁、钾含量也很高，尤其是钾的含量，可以说在蔬菜类排第一位。

每天吃薯类食品（马铃薯、白薯、芋头）应在 80 克左右，有助于降低中风的危险。在吃薯类时，要相应地减少主食的摄取，可按照薯类与主食3∶1或4∶1的比例控制。营养学家指出，吃薯类不必担心脂肪过量，因为它只含0.1%的脂肪，是所有充饥食物中最少的；每天多吃薯类，可以减少脂肪摄入，使多余脂肪渐渐代谢掉。如果注意好荤素搭配的话，还可以达到保持苗条身材的效果。而且薯类中含有大量的优质纤维素，有预防便秘和防治癌症等作用。

此外值得注意的是，薯类尤其是土豆，含有一种叫生物碱的有毒物质，人体摄入大量的生物碱，会引起中毒、恶心、腹泻等反应。这种有毒的化合物，通常多集中在土豆皮里，因此食用时一定要去皮，特别是要削净已变绿的皮。如果孕妇经常食用生物碱含量较高的薯类，蓄积在体内的生物碱就可能导致胎儿畸形。尽量不要食用长期贮存和发了芽的薯类，因为这种薯类通常聚集了大量的毒素，人食用后可能会出现中毒症状。

快餐中的薯条和土豆泥之类的食品并不属于上述健康食品。这些薯类在加工过程中被氧化，破坏了大量的维生素C，营养成分大大降低。而食用炸薯条，易增加脂肪的摄入量，而且薯条经反复高温加热，会产生聚合物，像有毒物质——环状单聚合物是致癌物质，所以要尽量少吃。

3. 警惕含有天然毒素的果蔬

日常生活中大家可能没有注意到，有些蔬菜和水果虽然营养丰富，但其本身却含有天然毒素，在食用时应该小心为妙。

（1）豆类。如四季豆、红腰豆、白腰豆等含有植物凝血素，在进食后1~3小时内会出现恶心呕吐、腹泻等症状。红腰豆所含的植物凝血素会刺激消化道黏膜，并破坏消化道细胞，降低其吸收养分的能力。如果毒素进入血液，还会破坏红细胞及其凝血作用，导致过敏反应。研究发现，煮至80℃未全熟的豆类毒素反而更高，因此豆类必须煮熟煮透后再吃。

（2）竹笋。含有生氰葡萄糖苷，食用后数分钟可出现病发状况，喉道收紧、恶心、呕吐、头痛等，严重者甚至死亡。食用时应将竹笋切成薄片，彻底煮熟。

（3）苹果、杏、梨、樱桃、桃、梅子等水果的种子及果核。这些是人们在生活中最容易忽略的，以为经常吃的水果怎么会有毒呢？此类水果的果肉都没有毒性，果核或种子却含有生氰葡萄糖苷，在食用后几分钟就会出现与吃竹笋相同的症状。儿童最易受影响，吞下后可能中毒，给他们食用时最好去核，这样可以避免危险发生。

（4）鲜金针。味道鲜美，但其内含有秋水仙碱，食用不当会引起肠胃不适、腹痛、呕吐、腹泻等。秋水仙碱可破坏细胞核及细胞分裂的能力，令细胞死亡。经过食品厂加工处理的金针或干金针都无毒，如以新鲜金针入菜，则要彻底煮熟。

（5）青色、发芽、腐烂的马铃薯。这也是人们容易忽视的，以为去掉了芽或者腐烂的地方也能食用，那就错了。马铃薯发芽或腐烂时，茄碱含量会大大增加，带苦味，而大部分毒素正存在于青色的部分以及薯皮和薯皮下。茄碱进入体内，会干扰神经细胞之间的传递，并刺激胃肠道黏膜，引发胃肠出血，会出现口腔灼热、胃痛、恶心、呕吐等症状。

（6）鲜蚕豆。有的人体内缺少某种酶，食用鲜蚕豆后会引起过敏性溶血综合征，即全身乏力、贫血、黄疸、肝肿大、呕吐、发热等，若不及时抢救，会因极度贫血死亡。

（7）鲜木耳。含有一种光感物质，人食用后会随血液循环分布到人体表皮细胞中，受太阳照射后，会引发日光性皮炎。这种有毒光感物质还易于被咽喉黏膜吸收，导致咽喉水肿。

（8）腐烂变质的白木耳。它会产生大量的酵米面黄杆菌，食用后胃部会感到不适，严重者可出现中毒性休克。

（9）未成熟的西红柿。这点很容易被忽视，未成熟的西红柿含有生物碱，人食用后也会导致中毒。

4. 电脑一族的健康饮食建议

当下，电脑的使用越来越广泛，给人们的工作、学习、生活带来了极大的方便。但是，电脑也会给操作人员带来有碍健康的因素。为预防电脑族的职业病，必须注意合理的膳食、营养结构。

（1）多吃蛋白质高的食物。蛋白质是人体细胞的"灵魂"。应多吃瘦肉、牛肉、羊肉、鸡、鸭、动物内脏、鱼及豆制品，电脑操作人员尤其要多吃豆类食品。

（2）多吃维生素含量比较高的食物。维生素具有调节神经等作用。据统计，我们每天摄入体内的维生素中，有70%来自蔬菜。含维生素较高的蔬菜有韭菜、菠菜、青蒜、金针菇、番茄、黄瓜及水果等。

（3）多吃磷脂含量高的食物。磷脂食品是大脑的"能源"之一。如蛋黄、大豆、虾、核桃、花生、牡蛎、乌贼、银鱼、青鱼中都含有较高的磷脂。

（4）多吃健眼的食物。这类食物有动物内脏和奶油、小米、胡萝卜、黄花菜、枸杞及各种新鲜水果。

5. 喝水要喝干净健康的水

人们每天都要喝水，但什么是健康、安全的饮用水却很少有人知道。在全球"水危机"的大背景下，如何保证持续、长久的健康、安全饮用水来源也成为各国专家探讨的重要问题。

在世界水大会上，世界卫生组织提出的"健康水"的完整科学概念引起了广泛关注。其概念是饮用水应该满足以下几个递进性要求：①没有污染，不含致病菌、重金属和有害化学物质；②含有人体所需的天然矿物质和微量元素；③生命活力没有退化，呈弱碱性，活性强等。

我国的《生活饮用水卫生标准》是从保护人体健康和保证人类生活质量出发，对饮用水中与人体健康有关的各种因素（物理、化学和生物），以法律形式作的量值规定，以及为实现量值所作的有关行为规范的规定，经国家有关部门批准，以一定形式发布的法定卫生标准。新标准的水质检验项目由原来的35项增加至107项。生活饮用水水质标准和卫生要求必须满足三项基本要求：

（1）为防止介水传染病的发生和传播，要求生活饮用水不含病原微生物。

（2）水中所含化学物质及放射性物质不得对人体健康产生危害，要求水中的化学物质及放射性物质不会引起急性和慢性中毒及潜在的远期危害（致癌、致畸、致突变作用）。

（3）水的感官性状是人们对饮用水的直观感觉，是评价水质的重要依据。生活饮用水必须确保感官良好，为人们乐于饮用。

6. 常喝优质复合果蔬汁更健康

在美国和欧洲，复合果汁与果蔬复合果汁早就非常流行了，是目前国际上的高档饮料。它之所以受到欢迎，是因为不同种类果汁、果汁和蔬菜汁合理搭配之后，能为人体提供更全面的营养，更容易吸收。同时，果蔬复合果汁的加工工艺具有少添加或不添加食品添加剂的特点，因此更健康。

优质的复合果蔬汁里含有较丰富的矿物质元素及其他天然营养成分和人体所需要的维生素。蔬菜和水果的合理搭配不仅可以满足人们日常所需的各种微量元素，长期饮用甚至还可以起到药疗的作用。对于一些不爱吃水果、蔬菜的儿童，优质的复合果蔬饮料成为这些家长的首选。

从全面营养、更利吸收的角度出发，目前比较科学的复合果汁和果蔬复合果汁有如下组合：番茄＋草莓＋山楂，橙子＋苹果＋胡萝卜，菠萝＋芒果＋西番榴，橙子＋甜菜汁等等。

7. 切记不能喝的八种水

水是生命之源，人的生命和健康都离不开水。因此，饮用水的质量问题直接关系到我们的健康。在生活中我们要注意有八种水千万不能喝。

（1）生水。自来水中的氯可以和没烧开的水中残留的有机物质相互作用，易导致膀胱癌、直肠癌。野外的生水含有害的细菌、病毒和寄生虫，饮用后，易得急性肠胃炎、肝炎、伤寒、痢疾及寄生虫感染。

（2）没煮沸的水。饮用未煮沸的水，患膀胱癌、直肠癌的可能性增加21%～38%。当水温达到100℃时，有害物质会随蒸汽蒸发而大大减少，如继续沸腾3分钟，饮用起来则更安全。

（3）重新煮沸的水。开水重新再煮沸会使水中的亚硝酸盐含量超标，损害人的身体健康，时间久了还能引起癌症。

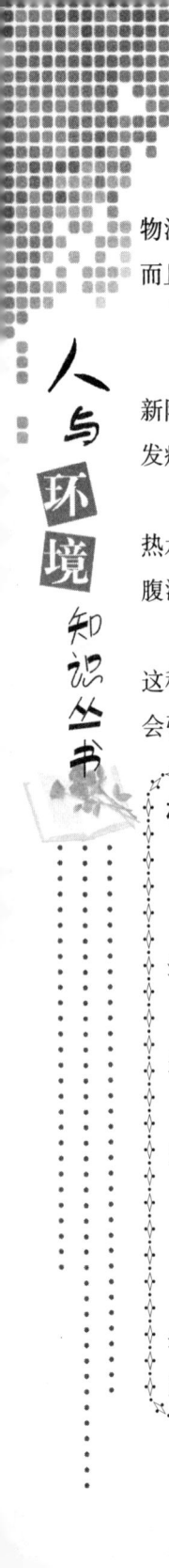

（4）空气中久置的水。凉白开水不能在空气中暴露太久，否则会失去生物活性，从而失去很多特殊功能。如果时间过长，不仅没有了各种矿物质，而且还可能增加某些有害物质的含量。

（5）隔夜水。盛在保暖瓶中隔夜的开水，类似于空气中久置的水。

（6）老化水。即长时间贮存不动的水，常饮这种水，会使未成年人细胞新陈代谢明显减慢，影响生长发育；中老年人加速衰老；致使食道癌、胃癌发病率大增。

（7）千滚水。千滚水就是在炉上沸腾一夜或者很长时间的开水，还有电热水器中反复煮沸的水。长期饮这种水，会干扰人的胃肠功能，出现暂时性腹泻、腹胀。

（8）蒸锅水。蒸锅水就是蒸馒头、饭菜等食物的锅底剩余的开水。常饮这种水，或者用这种水熬稀饭，会引起亚硝酸盐中毒；水垢常随水进入人体，会引起消化、神经、泌尿和造血系统病变，甚至引起早衰。

相关链接

科学饮水时间表

6：30 晨起喝250毫升的淡盐水或凉白开水，补充夜晚流失的水分，清肠排毒。

8：30 到办公室后喝250毫升水，清晨的忙碌使水分在不知不觉中流失了很多，这时候补水特别重要。

11：30 忙了一上午也该休息一会儿了，午餐前喝水有助于激活消化系统活力。

12：30 午餐后喝水加快血液循环，促进营养素的吸收。

14：00 上班前喝杯清茶消除疲劳，给身体充充电，这一杯水很重要。

17：00 下班前喝一杯，忙了一天，身体里的水分也消耗得差不多了，这时候补水还能带来肠胃的饱胀感，减少晚餐食量，尤其适用于想要减肥的人士。

22:00 睡前喝 200 毫升水,可以降低血液黏稠度,保证良好的睡眠质量。

这样分时间段饮水也就完成了人体每天 2100~2800 毫升的补水量。

饮食中的环保常识

1. 少吃鱼翅

鱼翅是鲨鱼鳍中的细丝状软骨。鱼翅本身并没有什么味道,鱼翅汤的美味主要来自它的配料。从营养学的角度看,鱼翅并不具有特殊的营养价值,它的主要成分是胶原蛋白质。胶原蛋白质缺少色氨酸和半胱氨酸,是不完全蛋白质,营养价值并不高,还比不上含有完全蛋白质的鲨鱼肉。其实吃鱼翅反而对健康有害。鱼翅中水银和其他重金属的含量都比其他鱼类高很多。这是因为工业废水不断地排入海洋,使得海水中重金属含量增高,并进入海洋生物体内,而鲨鱼处于海洋食物链的顶端,吞食了其他鱼类后,食物中的重金属也随之进入鲨鱼体内,积累下来,因此鲨鱼体内的重金属的含量会越来越多。吃了鱼翅后,水银和其他重金属进入人体,会损害中枢神经系统、肾脏、生殖系统等。英国曾有一项研究表明,每年有 3800 万条鲨鱼因为鱼翅市场的需要而被捕杀。而且鱼翅市场在不断扩大,据估计每年有 5% 的涨幅。对鲨鱼大量的捕杀久而久之会造成海洋生物链的断裂,从而破坏整个海洋的生态系统。因此,最好不要食用鱼翅。

2. 尽量不要吃燕窝

燕窝,是指金丝燕的巢。金丝燕是一种候鸟,每年冬天从寒冷地带飞往热带、亚热带沿海,在那里的天然岩洞壁上筑巢产卵,繁殖后代。燕窝的主要成分是风干的金丝燕的唾液,再加上一些海藻、羽绒及植物纤维。风干的金丝燕的唾液成分主要有酶、黏液蛋白、碳水化合物及一些盐。这些东西在其他动物的唾液中也可以找到,根本没有特别之处。它提供的那点营养价值,完全可以被价格低很多的鸡蛋、牛奶和肉取代。

由于在我国饮食文化中，燕窝一直被看成是一种滋补的珍品，这使得燕窝变成了一种昂贵的商品，并支撑了一条从采集、加工到消费的产业链。因为这个错误的认识，东南亚沿海自然生态中的金丝燕受到了人为的毁灭性的打击。

因此，无论是从经济的角度出发，还是从生态的角度出发，我们都不应该吃燕窝。

3. 吃发菜会破坏生态环境

发菜，又叫发状念珠藻，它是一种在陆地上生活的蓝藻。肉眼可见的发菜由多股藻丝缠绕而成，这种植物贴着地表生长，可以起到固定土壤的作用。此外，发菜还具有固氮（把空气中的氮气转化成含氮的肥料）能力，从而给土壤增加肥力。发菜多分布在我国西部的青海、宁夏、甘肃和内蒙古等地。由于它的名字发音和"发财"相近而常被人们以讨口彩为由食用。

然而，由于发菜生长缓慢，大规模地采集已经造成这种藻类资源的逐渐枯竭。而且，由于采集发菜通常使用钉耙"搂"的方式，在采集发菜的同时也对地表的植被造成了毁灭性的破坏，这让本来植被就十分脆弱的草原和荒漠生态环境更加恶化，失去了植被保护的土壤容易被侵蚀。过度采集发菜已经对中国西部地区的生态造成了破坏，受影响面积甚广。虽然在2000年我国已经宣布禁止发菜的采集和销售，但还是有部分人食用。

另外，食用发菜也有可能对身体造成伤害。包括发菜在内的一批念珠藻植物含有 β - 甲氨基 - L - 丙氨酸（BMAA），这是一种神经毒素。大量食用这类植物必然会对神经系统造成伤害。

4. 少食用甘草

甘草是一种生长在干旱荒漠区的豆科植物，它的根及根茎是中医最常用的药材之一。甘草的地下根状茎发达，在地表以下数米处呈水平状向四周延伸，耐旱、寒、热和盐碱性，是一种良好的防风固沙植物。它的地上部分的茎叶可作为优质的牧草。因甘草含有甜素，被广泛应用于食品、烟草、化工等领域，例如许多零食使用甘草调制或混有甘草。近年来，由于市场需求量增大，甘草价格不断攀升，在经济利益的驱动下，我国出现了采挖甘草的狂潮，严重破坏了西北地区的生态环境。

据测算一根大拇指粗的甘草要生长 4~5 年，其根状茎纵横密布，必须向下垂直挖 1 米多深、向周围挖 1 平方米才能将一株甘草完全挖出。因此挖甘草对草原造成了严重的破坏。据估算，每挖 2.5 公斤鲜甘草就要破坏掉一亩草原。自 20 世纪 80 年代以来，宁夏因采挖甘草直接破坏草原面积 17.83 万公顷，间接破坏 35.7 万公顷，造成大面积草场沙化。

长期或大量食用甘草会出现严重不良反应。甘草的主要成分甘草酸具有肾上腺皮质激素样的生物活性，可引起假性醛固酮增多症和肥胖，可影响水、电解质代谢，引起血钾降低、血压升高、心律失常及水肿等。甘草的糖皮质激素样作用可使中枢神经兴奋，引起神经、精神系统不良反应。甘草含雌二醇，有雌激素样作用，可影响男性生殖系统的功能。

5. 不要吃野生动物

中国野生动物保护协会曾对 17 个省市做过一次调查，结果表明：有 46%的被调查者吃过野生动物。对于"流行吃野生动物的原因"的回答中，选择"相信能增加营养或有滋补作用"的占 45.8%；有 38%的人"因为好奇"而吃野生动物；还有近 16%的人吃野生动物只不过是"为了显示身份"。

并不是所有的野生动物都不应该吃，例如从海里捕捞起来的野生鱼虾就是可以食用的食物。我们主张不要吃野生动物，指的是那些珍稀的、濒危的野生动物。由于栖息地破坏、环境污染、非法捕猎和气候变化等原因，一些野生动物物种已经灭绝，另有许多动物虽然尚未灭绝，但数量已严重减少，生存面临极大威胁。每一个物种的灭绝都是一项无可挽回的损失。为了保护生物多样性，大家应当拒吃珍稀野生动物，使非法捕猎行为失去市场。

一些人相信吃珍稀动物有特别的滋补作用，但没有科学证据支持这一点。吃非法捕猎的野生动物还可能被传染寄生虫或病菌，因为非法捕猎的动物不通过正常渠道流通，缺乏食品卫生部门的监管。不过，有一些野生动物还是

可以吃的，保护野生动物与吃野生动物也并不矛盾。一些有经济价值的野生动物不是濒危物种，密切监测其种群数量，进行科学管理和适度开发，既可以保障动物的生存与繁衍，又可以满足人们在美食、休闲等方面的爱好，还可以防止某种动物因数量太多而给当地生态环境造成过重的负担。

6. 为了环保，要少吃糖

食糖摄入过多，会对身体健康造成危害，最明显的是对牙齿的损害。生活在牙斑上的细菌能把食糖代谢成乳酸，乳酸能导致牙齿脱钙，细菌继续破坏就产生龋齿。食糖的另一个危害是增加肥胖的风险。食糖本身就含有热量，而且研究表明，喝含糖饮料能刺激胃口，导致食欲增加，摄入更多的热量，从而导致体重持续增加，对儿童来说尤其如此。因此世界卫生组织和联合国粮农组织于 2003 年联合建议，膳食中食糖的量应低于膳食总能量的 10%。

全世界食糖产量每年超过 1.45 亿吨，其中 60% ~70% 产自甘蔗，其余产自甜菜。根据世界野生动物保护基金会在 2004 年发布的报告，食糖生产对生物多样性的破坏可能要比其他任何作物都严重，这是由于几方面的原因：毁坏生物栖息地用以种植甘蔗、甜菜；食糖作物种植导致的水土流失，例如，欧洲因为种植甜菜每年流失 300 万吨土壤；种植时用了大量水进行灌溉，例如，在印度马哈拉施特拉省，甘蔗种植只占了 3% 的土地，却用掉了大约 60% 的灌溉水；使用大量的农药、化肥；食糖提炼时排出大量污染物，污染物包括重金属、酒精、油脂等，如果不进行处理就会污染水源、水道，不仅会导致水中生物的死亡，还使得水不能被饮用及用作灌溉。

7. 咖啡、巧克力会破坏环境，所以要少食用

咖啡现在已经成为一种主流的时尚饮品。很多人喜欢泡咖啡馆消闲会友，或自己早上喝一杯提神。巧克力更是世界到处都受欢迎的零食。研究表明，吃没有加糖的纯巧克力对身体健康有积极的作用。

咖啡和巧克力都是来自热带植物的果实——咖啡豆和可可果。它们都是低矮的植物，原本生长在森林大树的庇荫之下，基本上不需要附加资源。但

是，随着市场需求的增加和生产的批量化，这种原始的生产模式已经无法满足需要而代之为大规模的农村式的种植。为此，大片的原始森林被砍伐成空地，然后种下成排的咖啡树或可可树。这样，咖啡树和可可树能得到更多的阳光照射，其生产周期和产量都得到很大的提高。但失去森林大树的庇护，这样的种植方式需要使用大量的化肥和杀虫剂。无疑，这样的耕作方式会造成很大的环境污染。

咖啡的主要出产国是南美的巴西、哥伦比亚，东南亚的越南、印度尼西亚等。巧克力则集中在西非诸国。在中国消费的咖啡和巧克力需要从这些国家进口，因此还会在长途运输过程中消耗很多的能源并造成环境污染。

现在很多国际组织试图改变咖啡和巧克力的生产方式，恢复传统的树荫下种植，因此可以大大减少森林砍伐和化肥、杀虫剂的使用。但这种对环境有利的生产方式不利于产量的提高，会影响其销售价格。所以，这些"返祖"的产品会带有"有机"或"树荫"的标签供关心环境的顾客选用。

8. 碳酸饮料会影响气候

我们平常熟悉的一罐可乐或苏打水，大概含有 6 克二氧化碳。这些二氧化碳，一部分在我们打开可乐罐的时候逃逸到空气中，一部分在我们将饮料喝到肚子里去之后从我们口中排出。比较而言，我们每次开车上班，一般会排出 700 倍于此的二氧化碳。如果只是局限地看问题，这点二氧化碳似乎对全球气候变暖影响甚微。

但如果我们仔细思考一下碳酸饮料的生产、运输和销售链条（也就是所谓的供应链），一罐可乐给环境带来的负面影响可就不止 6 克二氧化碳了。碳酸饮料的生产和运输过程会排放出数百万吨的二氧化碳和其他有害气体，同时还消耗掉大量的淡水资源。碳酸饮料的包装（金属或塑料）也最终会变成垃圾，给环境带来进一步的负面影响。

当然，我们许多人都喜欢碳酸饮料。一种比较环保的消费方法是买大罐装的碳酸饮料，然后在饮用时把它们倒到小杯中去。

相关链接

十个家居环保好习惯

好习惯一：不吸烟

烟草对环境的危害，主要是对周围空气的污染。香烟燃烧产生的烟雾分为"主烟气"（经纸烟圆柱体直接吸入口腔的烟气）和"侧烟气"（由锥形燃烧带四周弥散入空气的烟气）。"主烟气"中一氧化碳约为 20 毫克，二氧化碳约为 65 毫克；"侧烟气"中一氧化碳约为 80 毫克，二氧化碳约为 100 毫克。而吸烟者将吐出一部分"主烟气"，因此燃烧一支香烟最终进入空气的一氧化碳约为 90 毫克，二氧化碳约为 135 毫克。据统计，2005 年我国卷烟消费量为 19328 亿支，因此由于吸烟进入空气的一氧化碳约为 17.4 万吨、二氧化碳约为 26.1 万吨。2005 年～2009 年香烟的销量呈增长趋势，也就是说香烟消费所产生的一氧化碳和二氧化碳也在增加，给环境带来的压力也因此增加。

几年前，一个由 12 个国家的 29 名科学家组成的专家组，对当时的关于吸烟对健康危害的科学研究报告作了认真的研究，得出了吸烟（不论主动与被动）会引发癌症的结论。科学家们还发现，吸烟会增加患急性冠心病的风险，还会造成慢性呼吸道疾病。还有研究表明，吸烟会加剧哮喘病，以及导致肺功能减退。对幼儿，有证据表明烟草会增加婴儿突然死亡的概率。所以，千万不要吸烟。

好习惯二：少吃洋快餐

洋快餐基本上都是高蛋白、高热量、高脂肪、低维生素的食物，容易导致营养失衡，可以说是名副其实的垃圾食品。传统中国饮食无论文化趣味、营养、口味、品种都比它强。建议大家不吃这些垃圾食品的理由如下：

1. 容易导致肥胖。这些食品的脂肪多、糖多、蔬菜不够、品种单一，所以是高热量、低营养。美国公认的权威健康饮食标准是：一个中等活动量的成年人日均摄入 2000 卡，其中脂肪提供的热量最多为 30%，即日均最多 65 克脂肪。美式快餐中巨无霸汉堡包中含热量 590 卡、脂肪 34 克；小杯可乐含热量 150 卡、脂肪 0 克；炸薯条（小号）含热量 210 卡、脂肪 10 克，总计含热量 950 卡、脂肪 44 克。可以看出，总热量接近全天应摄入热量的一半，也就是说，如果今天吃了巨无霸套餐，剩下那一顿最好喝稀饭吃泡菜，以控制摄入总量。若长期摄入过量的脂肪和热量，在导致肥胖的同时，还容易引发心脑血管疾病。

2. 制造大量垃圾，造成资源浪费和环境污染。包汉堡包的纸、盛炸薯条的纸盒、装甜馅饼的纸盒、装饮料的纸杯、喝饮料的吸管、擦嘴的纸巾、垫盘子底的广告纸、外卖时装食品的袋子等全都是一次性的，即用即丢。麦当劳式的美国快餐被称为 paper food industry（纸张食品业）。所有这些被我们随手扔掉的纸巾、纸盒、纸张、纸袋，都是砍伐大量的木材制造而成的，我们每天随手丢的纸制品累积起来就是一片森林。而这些垃圾，又给环境造成了巨大的压力。

所以，为了我们的健康，为了我们的环境，尽量不要吃洋快餐。

好习惯三：吃水果先去除保鲜剂

如今，无论春夏秋冬是否应季，超市里面的水果总是琳琅满目，新鲜诱人。要论起来，这些都是水果保鲜剂的功劳，正是保鲜剂让这些水果青春常驻，容颜不老。在讲究健康天然饮食的今天，你是否会对喷有保鲜剂的水果心存疑虑？因此我们在吃水果时，最好先去除保鲜剂。下面以几种常食用的水果为例，介绍几种去除保鲜剂的方法。

梨：梨常用的保鲜剂是虎皮灵，属于抗氧化水果保鲜剂，难溶于水，易溶于乙醇。虎皮灵可以很好地防治鸭梨贮藏中的生理病害——黑皮病的发生。目前常用的保鲜方法是用虎皮灵配成一定浓度的药液，直接喷到包装纸上，制成保鲜纸。由于这种保鲜剂是喷在保鲜纸上，并非直接涂抹在水果表面，因此对水果的影响不大，若您还是有所顾虑，可以采取削皮的方法食用。

苹果：苹果保鲜时常用的保鲜剂叫做甲基托布津。原药为无色结晶，不溶于水，可溶于有机溶剂，对酸、碱稳定。该药为苯骈咪唑类广谱性杀菌剂，常用于苹果，也可以用于香蕉、柑橘、菠萝、哈密瓜、甘薯等的防腐贮存，一般采用浸蘸或涂布处理。另外，本剂对人、畜、蜜蜂、鱼类毒性低，对作物也较安全，还可用来防治果蔬上的菌核病、灰霉病、白粉病等多种真菌性病害。此外，苹果保鲜时也可以使用虎皮灵，使用方法与梨相同。建议去除方法：由于甲基托布津不溶于水，因此最好在食用时削皮。

桃子：桃子在贮藏期间，常常因为褐腐病导致大量腐烂。通常使用的保鲜方法是防腐保鲜法。用 0.1% 的苯菌灵悬浮液在 40℃ 的温度条件下将桃子浸泡 25 分钟，可起到预防桃子腐烂的作用。建议去除方法：用清水冲洗并用手摩擦桃子的表皮，或者去皮。

葡萄：由亚硫酸盐制成的片剂是目前葡萄保鲜的最理想保鲜剂。它的保鲜原理是：亚硫酸盐遇水分解释放出的二氧化硫，不仅可以杀灭灰霉菌等一些引起葡萄腐烂的病菌，而且对葡萄的脱落酸含量及乙烯释放有明显抑制作用，可减轻葡萄贮藏中的脱粒，还可抑制贮藏中果实各部位的多酚氧化酶活性。建议去除方法：由于亚硫酸盐属于水溶性保鲜剂，因此用清水冲洗即可。

柑橘：橙子、橘子、芦柑等水果，经常使用碳酸氢钠作为保鲜剂。碳酸氢钠本身没有直接杀菌作用，但溶于水后会使水呈碱性，从而使水果表面的 pH 值升高，可以抑制喜微酸环境的青霉菌和绿霉菌的生长与繁殖。同时碱液清洗了果面的残留污物和病菌，也间接降低了腐烂率。另外，柑橘类水果还经常使用涂蜡保鲜剂，这样可以隔绝氧气、微生物，具有增加光泽、减少水分蒸发等作用。建议去除方法：无论是使用碳酸氢钠还是涂蜡保鲜，保鲜剂一般都无法穿透柑橘类水果的表皮，因此食用时无需担心，去皮即可。

草莓：一般草莓采摘后硬度下降很快，可以用植酸浸果法和几丁质保鲜法来保鲜。植酸是天然食品添加剂，可延续果实中维生素 C 的降解，保持果实中的含酸量。几丁质能在果实表面形成一层半透明膜，从而减少营养成分流失，达到保鲜目的。建议去除方法：在清洗草莓时，用清水冲洗并轻轻触摸草莓的表面即可除去大部分的保鲜剂。

好习惯四：水果、蔬菜存放冰箱

大量的食物，特别是水果、蔬菜，由于储存不当等原因而提前变质被当成垃圾扔掉。在生产、运输、储存这些食物时已耗费了大量能量，将其扔掉意味着这些能量被白白浪费。而且大多数食物垃圾被填埋后，会产生甲烷，这是一种温室气体。据英国 WRAP 项目研究表明，英国一年要扔掉 670 万吨食物，其中 40% 是水果、蔬菜。如果这些食物不被扔掉，将会减少至少 1500 万吨二氧化碳的排放，相当于让英国 1/5 的车辆停驶。

实验表明，多数水果、蔬菜在冰箱中冷藏，能够显著延长其保质期。例如，橘子和梨在冰箱中的保质期能延长达 2 周，辣椒、胡萝卜和西红柿的保质期能延长至少 1 周。冰箱内部空气干燥，容易让水果、蔬菜丧失水分，如果把水果、蔬菜装在透气的聚乙烯塑料袋中再放进冰箱，能更显著延长其保质期，例如装在塑料袋中的辣椒、胡萝卜和柠檬的保质期能延长至少 2 周。但是有些水果、蔬菜如果在冰箱中保存反而更快变质，例如香蕉、菠萝，它们更适于在室温阴凉处保存。

土豆和洋葱这些体积较大的蔬菜不必在冰箱中冷藏，放在阴凉处会延长其保质期，而且应该避光保存，以免发芽。

好习惯五：正确挑选塑料包装瓶

《健康时报》一篇文章称，德国研究人员近日发现，被广泛使用的塑料瓶装矿泉水其实很不安全，因为塑料瓶中含有的雌激素化学品会渗透到瓶里的水中，饮用后会给人体带来危害，而且危害还不小，包括干扰人

的认知能力，损害肝脏和肾脏，引起哮喘急性发作等。这项研究发现给不少人敲响警钟——我们在挑选塑料包装瓶时一定不能太随意。

选包装瓶时要选择无色的，但也不要一味地追求透明度。国际食品包装协会副会长董金狮称，为了增加瓶子的透明度，现在的塑料瓶子里基本都加了一种叫做 BPA 的原料，这种物质可能是导致雌激素渗透的"罪魁祸首"。

不过，从现有的实验数据来看，这种危害是极其微弱的，所以消费者也不必有恐慌情绪。无论是桶装水还是奶瓶，挑选这类塑料包装瓶最好选择无色的，而不要盲目追求透明度。

好习惯六：不要重复使用塑料瓶

有的塑料瓶可以很安全地重复使用，有的则不适合反复使用，这取决于塑料瓶是用什么样的材料制造的。

许多塑料瓶，特别是水壶、水杯、奶瓶，其材料是聚碳酸酯（PC）树脂，这种树脂由双酚 A（BPA）聚合而成。这种塑料瓶在使用过程中会释放出微量的 BPA 到瓶内的水或食物中。PC 塑料瓶在反复使用、磨损后，会增加 BPA 的释放量。BPA 能干扰人体激素信号系统，有研究表明 BPA 能增加患乳腺癌和子宫癌的风险，并有其他健康危害。但是小剂量的 BPA 是否对健康有危害，仍有争议。

瓶装水、软饮料的塑料瓶采用的材料是聚对苯二甲酸乙二酯（PET），如果只用一次是安全的。有研究表明，PET 塑料瓶如果反复使用，会释放出己二酸二辛酯（DEHA）。也有研究表明 PET 塑料瓶会释放邻苯二甲酸盐 DEHP。动物实验表明 DEHP 是一种致癌物质。不过，这些研究也存在争议。DEHA 和 DEHP 通常用来作为塑料的增塑剂，但并不用于 PET 制品，PET 塑料瓶检测到的 DEHA 和 DEHP 可能是外源污染。另有研究表明，PET 塑料瓶释放的 DEHA 和 DEHP 含量很低，远低于世界卫生组织的饮用水标准的限量。

至于聚氯乙烯（PVC）、聚苯乙烯（PS）等塑料制品，更容易释放有毒物质，不能用来装饮用水或食品。

而用聚丙烯（PP）、低密度聚乙烯（LDPE）、高密度聚乙烯（HDPE）制造的塑料瓶比较安全，可以反复使用。

好习惯七：避免使用一次性泡沫塑料产品

一次性泡沫塑料杯子、盘子、饭盒等物品由泡沫聚苯乙烯制造，其原料来自石油，而石油是一种不可再生的资源。泡沫塑料生产过程中会造成多种污染（如低层大气的臭氧污染），生成大量固态和液态垃圾。

废弃的泡沫塑料非常难处理，尽管有回收利用技术，但由于泡沫塑料很轻，少量泡沫塑料就要占据很大空间，回收利用的成本太高。即使在资源回收产业相当发达的地方，泡沫塑料也往往不被回收商所接受。回收利用的泡沫塑料不会再被用于制造餐具，而是用于生产填充物、包装物等。也就是说，为了生产新的一次性泡沫塑料杯子，总是需要新的资源，产生新的污染。

泡沫塑料无法生物降解，它们进入垃圾填埋场后，在地下过几十年甚至上百年也不会消失。焚烧泡沫塑料会释放出多种有害物质，导致空气污染。在一些城市、旅游区和道路附近，大量被丢弃的泡沫塑料餐具形成严重的"白色污染"，既影响景观，又降低了土壤质量、危害生态环境。处在地面环境中的废弃泡沫塑料容易碎裂成微小颗粒，被动物误食会导致动物生病或死亡。

好习惯八：烹饪时尽量避开油烟

很多人都知道香烟是致癌高危因素，却少有人意识到厨房油烟具有同等甚至更大的危害，尤其是对经常忙碌在厨房的家庭主妇们的伤害是难以想象的。

厨房油烟是指食用油和食物高温加热后产生的油烟。油烟气体含有

一氧化碳、二氧化碳、氮氧化物以及具有强烈致癌性的苯并芘等许多对人体有严重危害的物质。常用的食用油加热到270℃左右所产生的油雾凝结物，可导致人体细胞染色体的损伤。近年来国内一些大城市，在对肺癌发病情况的调查中发现，长期从事烹调的家庭主妇肺癌的发病率较高。对于女性来说，油烟的另一大毁灭功能就是使面部皮肤因子活性下降，皮肤灰暗而粗糙，使用再多的化妆品也挽回不了油烟对青春的损害。那么在烹饪时如何避开油烟呢？

改变"急火炒菜"的烹饪习惯。油温不要超过200℃，这样不仅能减轻"油烟综合征"，菜中的维生素也能得到有效保存。

最好不用反复烹炸的"万用油"。有的家庭主妇为了节省，油反复使用也不弃掉，殊不知这里面含有很多致癌物质。反复加热的食油，如多次用来炸食品的食用油，不仅本身含有致癌物质，而且它所产生的油烟含致癌物更多，危害更大。

一定要做好厨房的通风换气。厨房要经常保持自然通风，同时还要安装性能、效果较好的抽油烟机。在烹饪过程中，要始终打开抽油烟机，炒完菜10分钟后再关抽油烟机。

尽量用蒸、煮、炒等烹饪手段，这样既可减少食用油的用量，还可减少对食物营养成分的破坏。

好习惯九：使用不粘锅避免干烧

不粘锅的锅底不粘食物，是因为它的表面涂敷了一层聚四氟乙烯。聚四氟乙烯是把聚乙烯（熔点较低的塑料，常用于食品塑料袋）的氢原子全部用氟原子取代之后制成的一种塑料。20世纪30年代，一家美国公司首先合成了这种材料，并把它的商标名定为"特氟隆"（Teflon）。聚四氟乙烯具有很优良的电气绝缘性能，它能耐强酸强碱的腐蚀，耐高温，而且其他物质很难粘在它的表面上。

由于这些优异的特性，聚四氟乙烯被用于制造不粘锅。它本身是一种化学性质不活泼的塑料，而且没有证据显示它对人体有毒。正常食用不粘锅炒的菜应该不会对身体造成伤害。但是需要注意的是，聚四氟乙烯在 260℃ 以上会变得不稳定，达到 350℃ 的时候会分解放出有害产物，因此不粘锅要避免干烧。

不过，在生产聚四氟乙烯的时候需要一种称为全氟辛酸（PFOA）的原料，有一些证据显示全氟辛酸可能致癌。美国生产全氟辛酸的杜邦公司已经同意在未来数年时间内减少生产厂家对环境排放的全氟辛酸。在聚四氟乙烯中含有非常少量的全氟辛酸，但是目前还没有证据证明这会对人体造成危害。

好习惯十：做菜时尽量少放味精

很多人做菜的时候为了使菜的味道鲜美会放很多味精。虽然味精作为调味品已被使用很长时间，但是过多食用味精会对身体造成伤害。

味精是谷氨酸钠的俗称。谷氨酸是构成蛋白质的 20 种氨基酸之一，广泛存在于食物中。谷氨酸结合在蛋白质中时是没有味道的，但是游离的谷氨酸能刺激舌蕾上的氨基酸受体，从而让我们感到鲜味。酱油、西红柿、葡萄汁、鸡汤等食物之所以让人觉得鲜美，就是因为含有游离的谷氨酸。调味用的味精是用淀粉、蔗糖等原料发酵生产的。

1968 年 4 月，有人在《新英格兰医学杂志》的撰文中说在吃了放味精的中餐后一段时间内会感到颈部麻木，由此引起了人们对味精是否会有害健康的关注。1986 年，美国食品药品管理局发布的报告认定味精对一般公众不存在危险，但是对某些人可能会有短时间的不良反应。1987 年，联合国粮农组织和世界卫生组织组成的联合委员会将味精归为最安全的食品成分。1991 年，欧洲共同体食物科学委员会也将味精归为最安全的食物成分，不限制可接受的日摄入量。

2002 年，日本研究人员报告说，大鼠摄入大量的谷氨酸钠（在食物中加 10% ~20% 的纯谷氨酸钠）会导致眼睛玻璃体中谷氨酸含量增

加和视网膜细胞的病变，但是所用的谷氨酸钠量是平常人们烹饪所用的量的 10 倍以上。动物实验表明，摄入味精能促使实验动物摄入更多食物，间接地导致肥胖。2008 年，中美研究人员发布对 752 名中国农民的调查结果，发现摄入味精最多的人肥胖的概率是不吃味精的人的近 3 倍。

服装及日用篇

第一节　环保穿衣与健康

什么是环保穿衣

　　我们所穿的衣物其实与环保这一全人类的共同主题也有着紧密联系。衣服也可以穿出环保来，关键是如何环保穿衣。

　　首先，拒绝服装浪费。服装浪费已经成为这个时代人们穿衣方面最为严重的问题。在时尚浪潮的冲击下，在无数商家精心包装的时尚生活方式以及概念的引导下，人们的消费方式已经远离理性。频繁购置衣物成为时尚一族的必要活动。而在追逐时尚、推崇方便的当代社会，同时又兴起了一股售价低廉、频繁淘汰的

英国科学家设计的遇水可溶解的服装

"快餐式服装"。服装方面的过度消费，以及给环境带来的压力，已经成为世界问题。我们在购买服装时，要根据自己的实际需求购买，切忌贪图一时便宜或者跟风而购买一些闲置的衣物，从而造成不必要的浪费。

其次，服装的材质也跟环境有很大关系。是否用皮草而伤害动物，是否用有机材料制成，是否可以循环利用、二次再生？当你购买衣物时如果能考虑到环境保护，可能你会做出一些不一样的选择。因而，在以健康为前提下，你可以尽量选择一些环保织物或绿色服装，如用有机棉、玉米纤维、竹纤维、纳米材料等制成的服装。

如何选择"绿色服装"

2002 年，欧盟公布禁止使用 22 种偶氮染料指令；2004 年 1 月 1 日起，国家质检总局对纺织品中甲醛含量进行严格限定；2005 年 1 月 1 日起，国家对服装的甲醛含量、偶氮染料等五项健康指标强制设限。"穿着健康"日益受到人们关注，绿色、环保成为各类服装的卖点。

1. 服装纷纷称环保

市场上销售的、标称绿色环保的服装还真不少：①"信心纺织品"标志，同时标有"通过对有害物质检验"等字样；②"Ⅰ型环境标志"；③"符合国家纺织产品安全规范"标志；④十环相扣的"中国环境标志"；⑤中国纤维检验局"生态纤维制品标志"；⑥中国纤维检验局"天然纤维产品标志"；⑦某民间组织"生态纺织品标志"。

除"生态纤维制品标志"、"天然纤维产品标志"的发证单位为我国纤维产品的法定检验和执法检查部门——中国纤维检验局外，其余几个标志的发证单位要么是民间组织，要么是私营公司，而且，它们无一不标榜自己是"唯一"、"权威"的。

2. "绿色服装"有乾坤

目前，市场上销售的服装挂绿色、环保标签的情况比较混乱，主要存在四个方面的问题：一是挂有绿色、环保标签的产品 pH 值、甲醛、致癌染料等安全指标达不到安全性要求；二是发证单位根本未对产品进行检验，只要企业给钱就给发证；三是管理不规范，企业使用标签的过程缺少监督，标签随便印；四是发证单位多是一些民间组织以及一些私营企业，一旦发证产品出现重大质量问题或发证单位解散、倒闭，消费者则维权无门。

所谓生态、绿色、环保服装，应当是经过毒害物质检测，具有相应标志的服装。此类服装必须具备以下条件：从原料到成品的整个生产加工链中，不存在对人类和动植物产生危害的污染；服装不能含有对人体产生危害的物质或不超过一定的极限；服装不能含有对人体健康有害的中间体物质；洗涤服装不得对环境造成污染等。另外，它还应该经过权威部门检测、认证并加饰相应的标志。

3."生态标签"最权威

目前的服装环保标志中，以"生态纤维制品标志"、"天然纤维产品标志"两个影响力最大、最权威。这两个标志均为在国家工商总局商标局注册的证明商标，受到《商标法》和有关法规双重保护。这两个标志的发证单位——中国纤维检验局是全国最高纤维检验管理机构，直属国家质量监督检验检疫总局。其所属的国家纤维质量监督检验中心具有国内一流及国际领先的检测设备及技术水平。

这两种标志的使用范围、品牌品种、使用期限、数量都有严格的规定，申领这两种标志必须经过严格的审批。产品质量须经严格的现场审核和抽样检验，检验项目除包括甲醛、可萃取重金属、杀虫剂、含氯酚、有机氯载体、PVC 增塑剂、有机锡化合物、有害染料、抗菌整理、阻燃整理、色牢度、挥发性物质释放、气味等 13 类安全性指标外，还要求产品的其他性能如缩水率、起毛起球、强力等必须符合国家相关产品标准要求。而且，企业使用这两种标志情况由中国纤维检验局及其设在各地的检验所实行监控。中国纤维检验局每年定期召开多次"全国生态纤维制品管理监控质量工作会议"，根据监控中发现的问题，及时总结、改善、提高管理监控质量。

生态纤维制品标签证明商标是以经纬纱线编织，成树状图形，意为"常

青树"。生态纤维制品是绿色产品，拥有绿色就拥有一切。天然纤维产品标志证明商标由 N、P 两个字母构成图形，N 为英文 Natural 的第一个字母，意为"天然"；P 为 Pure 的第一个字母，意为"纯"。天然纤维产品标志证明商标证明其产品的原料是天然的，质量是纯正的。如果产品拥有生态纤维制品标签，消费者就可以在纸吊牌、粘贴标志、缝入商标处看到这种树状图形。

新买衣服先洗后穿

人们逛街买来新衣服都比较兴奋，拿着新衣服试来试去，舍不得脱，只要检查一下没有尘土、油污之类的脏东西就直接穿上了，这是一个非常错误的行为。

新买衣服先洗后穿

新衣服买回家，切莫急于上身，尤其是直接贴身穿的衣服。有研究表明，纺织衣服的染料里有 12 种致癌物质，10 种会引起皮肤过敏。北京针织行业协会监测站曹主任介绍，衣服的生产环节非常繁琐，比如原材料中的棉、麻，在种植过程中会使用杀虫剂、化肥等预防害虫和植物病毒，农药和各种化学残留物就会留在棉花、麻纤维当中。而在储存这些原材料时，要用五氯苯酚等防腐剂、防霉剂，又增加了有害的残留物。在衣料的生产过程中，还要使用氧化剂、催化剂、阻燃剂、去污剂、增白荧光剂等化学物质。所以刚生产出来的新衣服往往含有大量的化学物质，存在于新衣中的荧光粉、游离甲醛等有害物质会引起皮肤过敏、眼睛不适、咳嗽、呼吸不畅、没食欲、情绪烦躁等问题，严重的甚至会引发癌症。特别是在一些小商贩那里买的衣服，大多没有经过严格的监控，可能存在的有害物质比较多。品牌服装会采取一定的消毒措施，但也不能保证不含有害物。

千万不要以为新买的衣服是新的，可以不洗就直接穿。无论是什么材质的衣服，上面的细菌和有害物质都不少，这都是肉眼看不到的。所以买来的新衣服最好及时打开包装晾晒 1 ~ 2 天，或用水浸泡，加洗涤剂清洗后再穿。尤其是贴身内衣、衬衫、秋裤等，最好多洗几次，最大限度地减少生产过程中的有害物质的残留。

环保穿衣健康问答

问：我们穿的衣服，有的是纯棉的，有的是化纤的，哪一种更环保？

答：纯棉是天然纤维，化纤是用石油等原料人工合成的，人们会想当然地认为天然的东西要比人工合成的更环保。在某些方面，纯棉的的确比化纤的更环保。生产化纤要用到更多的能量和水，会产生更多的污染物，而且化纤垃圾更不容易降解。

但是纯棉在另外一些方面也有环保问题。在种植棉花时，要用大量的水灌溉，并喷洒大量的农药消灭害虫。棉花是使用农药最多的农作物，世界上的杀虫剂大约25%被用于棉花种植。在收割棉花时，还会用到除草剂和落叶剂。种植用以生产一件纯棉T恤衫所需的棉花，大约100克的化肥和农药会流失到水、空气和土壤中。每1千克棉花纤维要耗费7000~29000升水。

纯棉衣服比化纤衣服更容易吸收污垢，因此更不容易洗涤，也更不容易干燥。洗涤纯棉衣服所需的水温更高，洗后容易起皱纹，需要熨烫。这些都意味着要消耗更多的能源来保养纯棉衣服。

因此，究竟是纯棉还是化纤更环保，并没有一个很明确的答案。

问：一件纯棉衣服在其"一生"中消耗的能量相当于排放多少二氧化碳？

答：一件纯棉衣服在其"一生"中，历经棉花种植、棉布和衣服的制造、运输、使用几个阶段，都需要耗电，如果电能由煤提供，就会排放二氧化碳。根据英国剑桥大学制造研究所的研究，一件250克重的纯棉T恤衫在其"一生"中耗费的能量大约是109兆焦（相当于约30度电），这相当于大约排放7千克的二氧化碳，是其自身重量的28倍。具体分析如下：

棉花种植需要用到化肥、杀虫剂、除草剂、落叶剂，生产这些需要耗费能量。此外，抽水灌溉也要耗费能量。加起来，为了获得生产一件纯棉T恤衫所需的棉花，会排放大约1千克的二氧化碳。用这些棉花织布，再用布做T恤衫，整个生产过程中大约会排放1.5千克的二氧化碳。棉花从种植地运到工厂，T恤衫从工厂运到商店，再由商店运到购买者家中，这些运输过程大约会排放0.5千克的二氧化碳。根据洗涤要求，纯棉T恤衫应用60℃温水放在洗衣机中洗涤，还要烘干、熨烫。假定一件纯棉T恤衫共经过了25次洗涤、烘干、熨烫，总共将会排放4千克的二氧化碳。

一件衣服在其"一生"中除了耗费能量、排放二氧化碳，还会产生垃圾。一件纯棉T恤衫被废弃后，假如在垃圾填埋场焚毁，大约会留下3克的灰，而且在其"一生"中，为其提供电能而燃烧的煤，也会产生约17克的灰和800克的废料（挖煤留下的）。

普通中国人一般不烘干衣服，衣服使用寿命也更长，所以这些数字未必适用于中国，但是仍有一定的参考价值。

问：一件化纤面料的衣服在其"一生"中消耗的能量相当于排放多少二氧化碳？

答：英国环境资源管理（ERM）公司曾经计算过一件约400克重的100%涤纶的裤子在其"一生"中消耗的能量。该裤子在中国台湾生产原料，在印度尼西亚制成裤子，运到英国销售，假定其使用寿命为2年，共经历了92次洗涤，用50℃温水洗衣机洗涤，洗后用烘干机烘干，然后平均花2分钟熨烫。

这样算下来，其"一生"全部耗费的能量大约是200千瓦时（等于200度电），如果电能由煤提供，就会排放出约47千克的二氧化碳，是其自身重量的117倍。

你也许以为这条裤子中国台湾—印度尼西亚—英国全世界跑，因此大大增加了其能量消耗，其实由运输带来的能量消耗微乎其微，只占0.03%，可以忽略不计。涤纶面料是用聚酯纤维织成的，聚酯纤维用石油原料生产，这个生产过程的能量消耗约占7%。对纤维进行纺织、印染、缝纫制成裤子、运到批发中心，这部分的能量消耗约占13%。裤子从批发中心运到零售店，在零售店展销，这部分的能量消耗约占4%。最主要的能量消耗是在被消费者购买、使用过程中产生的，约占了77%，其中洗涤部分占了37%，烘干部分占了27%，熨烫部分占了12%。

因此，如果要降低一件衣服的能耗，主要在其消费使用阶段，例如降低洗涤水温，改烘干为自然晾干。如果把洗衣机洗涤温度从50℃降低到40℃，就能让能耗降低10%。

问：皮革制品是不是比人造革更环保？

答：皮变成皮革的生产过程中，不仅要耗费大量的能源、水，而且使用了许多有毒物质，包括甲醛、煤焦油、染料和氰化物。为了增加皮革的柔软度和耐水性，皮革还要经过鞣制。皮革经过鞣制后就不能再被生物降解，而且多数皮革使用硫酸铬等铬盐鞣制，产生含铬的废料。皮肤接触铬盐会出现过敏、溃疡，呼吸道吸入铬盐会导致炎症。铬盐能通过消化道、呼吸道、皮肤和黏膜侵入人体，长期接触铬盐会导致慢性中毒。皮革厂排出的污水会污染水源，使附近地下水含有高浓度的铅、甲醛和氰化物。美国疾病控制与防护中心曾调查发现，在肯塔基州一个皮革厂附近地区的居民白血病发生率是全国平均水平的5倍。许多老旧皮革厂在被废弃之后，其附近地区仍然不适合于居住或种植农作物。

问：为什么穿羊绒衫也能破坏环境？

答：许多人并不知道，羊毛衫和羊绒衫的原料来源完全不同。羊毛衫的原料是绵羊毛，羊绒衫的原料则是山羊绒。虽然市场上也有人推销"绵羊绒"的衣服，但是绵羊只产毛不产绒，真正的羊绒只来自山羊绒，它是山羊在冬天为了御寒，皮肤表面长出的一层绒毛，到了春天自动脱落。羊绒既轻又保暖，比羊毛优质，保暖性能是羊毛的 8 倍，但是产量很低，比羊毛贵得多。一头绵羊年产毛 2～3 千克，而一头绒山羊平均一年产绒毛仅 110～170 克，做一件双股羊绒衫需要超过 2 头的绒山羊的羊绒，做一件羊绒夹克衫需要 4～6 只绒山羊的羊绒。

而且放养山羊对草原的破坏比绵羊大得多。山羊用蹄挖掘、破坏表层土；每天吃掉超过体重 10% 的食物，吃草时一直啃到草根，把草啃食殆尽，使草难以再生；并能啃掉树苗的皮，使树无法生长。中国是世界上羊绒产量最大的国家，年产约 10000 吨。近年来人们对羊绒的消费量急剧增长，导致绒山羊养殖量增加，进而导致草场植被遭到更大的破坏。过度放牧导致水土流失、沙漠化和沙尘暴。据世界银行 2005 年的研究，内蒙古鄂尔多斯草原是世界上水土流失最严重的地区，而那里发达的山羊产业就是造成这种状况的主要原因。

问：一件衣服中可能含有哪些有害健康和环境的物质？

答：服装在生产过程中有很多机会受到有害物质的污染，会对身体健康和环境产生危害。棉花在种植时使用了大量的化肥、杀虫剂、除草剂、脱叶剂，空气、水、土壤因此受到污染，农药也会残留在棉花纤维及其制成的服装中。为了制造人造丝，需要用烧碱、硫酸等有毒物质处理木浆。生产尼龙、聚酯时会释放出氧化氮，这是一类比二氧化碳强 300 多倍的温室气体。纺织原料在储存时，要使用防腐剂、防霉剂、防蛀剂，在织布过程中要使用氧化剂、催化剂、去污剂、漂白剂、增白荧光剂，它们都有可能残留在服装上。印染时使用的偶氮染料能致癌，染料往往含有重金属、苯、有机氯等有害健康、环境的物质。为了使衣服颜色鲜艳、不褪色、不起皱、不缩水，在面料中要加入大量含甲醛的染色助剂和树脂整理剂，如果处理不当，就会有大量甲醛残留在衣服上。防火尼龙面料也含有甲醛。免烫休闲服以及颜色鲜艳、染色印花的童装最有可能甲醛超标，在穿着过程中会逐渐释放出游离甲醛，使人出现过敏症状。为了使服装不起皱，面料中还会加入全氟化学物质，这是一种致癌物。在选购服装时，特别是选购童装时，最好选择白色、浅色、无印花、小图案而且图案上的印花不要很硬的衣服，避免抗皱、免烫、防水、防污等附加功能。如果服装有刺激性味道、异味、香味，则说明甲醛含量高或有化学药剂残留。由于甲醛比较容易溶解于水，新服装买回家后，最好先用清水充分漂洗，减少甲醛含量。

问： 买衣服时，选用哪类面料的衣服比较环保？

答： 有机棉花在种植时不使用农药，比一般的棉花要更环保，但是要贵一倍以上。由于棉花种植对环境的不良影响，人们开始寻找能取代它的更加环保的天然纤维，例如大麻纤维。虽然天然大麻纤维比较粗硬，以前只用来做绳子、粗布等，但是大麻纤维经过新技术的处理可以变得既柔软又牢固，能用来做布料。大麻纤维的强度是棉花纤维的 4 倍，抗磨损能力是棉花纤维的 2 倍，并在抗霉变、抗污垢、抗皱等方面都有优势。与种植棉花相比，种植大麻需要的灌溉水、杀虫剂等农药都少得多，因此更便宜，也更环保。墨尔本大学的研究表明，如果用大麻取代棉花生产布料、油和纸张，其"生态足迹"（对生态的影响）能减少 50%。类似地，用竹纤维和亚麻做的布料也因为节省水和少用农药，比棉布要环保得多。

有的人造纤维也比较环保。人造丝是用木浆生产的，使用的是可再生的树木。和棉花相比，树木的种植需要的灌溉水和农药都较少。用玉米淀粉生产的聚乳酸纤维，和用石油生产的化纤相比，能减少使用 20% ~ 50% 的燃料。聚乳酸纤维的折射率较低，因此不需要用大量的染料也能获得深色。

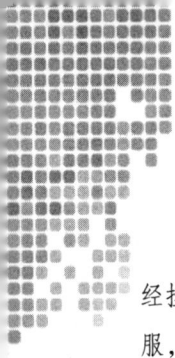

问： 如何选择"绿色服装"？

答： 耐用的服装比容易损坏的服装更"绿色"。最"绿色"的服装是已经挂在你衣橱里的那些——从资源消耗的角度来说是这样的：大家少买新衣服，就可以减少生产衣服所耗费的物资和能源。当然这不太符合经济规律，一味限制人们对时尚的追求也是不现实的。服装对环境的影响主要不在于生产和销售过程，而是使用过程中的清洗。洗衣服要消耗大量的水和电，洗涤剂和干洗溶剂还会造成环境污染。为了在这方面做到"绿色"，重要的是注意爱护衣物，尽量避免弄脏，以减少洗涤次数。

人们平时所说的"绿色服装"或"生态服装"，从健康的角度出发，是指那些用对环境损害较小或无害的原料和工艺生产的对人体健康无害的服装。纺织品生产过程中需要用到多种染料、助剂和整理剂，棉花生长过程中使用的杀虫剂有一部分会被纤维吸收，这些物质如果在成品服装中残留过量，会危害人体健康。许多国家和行业机构制订了生态纺织品技术标准，对纺织品的有害物质残留（例如甲醛、重金属、杀虫剂）、pH 值、挥发性物质含量等进行了规定，并要求不得使用有害染料、整理剂和阻燃剂等。其中最权威的是国际环保纺织协会的 Oeko – Tex Standard 100 生态认证标准，通过相关认证的产品可以悬挂 Oeko – Tex 标签，寻找该标签是选购绿色服装的最佳参照之一。

问： 婴儿用尿布和纸尿片哪一种更环保？

答： 尿布可以反复使用，而纸尿片只能使用一次。在一般人的心目中，会想当然地认为可重复使用的产品肯定比一次性产品更环保。但是可重复使用的产品在其生产、使用过程中也有不环保的一面。尿布是用棉布制造的，棉花的种植和棉布的生产要用到水、农药和其他有毒物质，尿布在清洗时要耗费水、洗涤剂和电能，这些过程都能耗费能源、排放二氧化碳和有毒物质。英国环保署在 2005 年发布了一篇长达 200 多页的报告，详细分析了尿布和纸尿片在生产、销售、使用、废弃各个环节对环境的影响，得出的结论是二者并无区别。假定一个婴幼儿用了 2 年半的尿布或纸尿片，其耗费的不可再生资源和温室气体的排放，与一辆轿车行驶 1300～2200 英里（约 2000～3500 公里）相当。

尿布和纸尿片对环境的影响虽然相近，但是侧重点不同。纸尿片对环境的影响主要来自于其原材料的生产以及把这些原材料转变成纸尿片的成分，而尿布对环境影响主要来自于在洗涤、烘干过程中耗费的电能。因此要减少纸尿片对环境的影响，应该减轻纸尿片的重量和改进其材料，其主要责任在于厂商；而减少尿布对环境的影响的主要责任则在于消费者，应该减少在尿布洗涤、烘干过程中的能量消耗，例如降低洗涤温度、提高每次清洗的量、不使用烘干机而采用自然晾干方式。

问：听说充气运动鞋使用了有害环境的材料，不环保，是真的吗？

答：充气运动鞋的鞋底气垫充了六氟化硫（SF6），这是一种人造气体，常态下无色、无味、无毒、不燃、无腐蚀性，密度约为空气的 5 倍，是已知化学稳定性最好的物质之一，其惰性与氮气相似。由于上述以及其他优良特性，六氟化硫近年来被广泛用于电器工业、金属冶炼、航空航天、医疗、气象、化工等行业。不幸的是，六氟化硫也是最强的温室气体之一，其危害是二氧化碳的 22200 倍。

耐克运动鞋的生产曾经一年用掉 288 吨六氟化硫，占了六氟化硫世界总产量的 1%。据美国《商业周刊》报道，1997 年生产的耐克鞋里携带的温室效应气体相当于 700 万吨二氧化碳，等于 100 万辆汽车排出的尾气。1992 年耐克公司被告知六氟化硫的危害后，开始研究用氮气取代六氟化硫，用了 14 年六氟化硫后，于 2006 年 1 月推出不含六氟化硫的氮气气垫运动鞋。2005 年 10 月 26 日，欧洲议会投票通过一项建议规例及指令，禁止运动鞋等多类产品排放氟化温室气体。

但是已生产的运动鞋和其他产品中含有的六氟化硫在该产品被废弃后，还会排放出来。

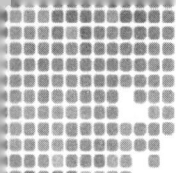

问：使用电熨斗时有什么办法能够省电？

答：熨衣服通常要很长时间，一个普通电熨斗的能耗相当于好几个100瓦的灯泡。为了节约用电，首先应当减少不必要的熨烫，比如有些衣服是免熨的，毛巾之类的物品是不必熨的。尽量集中熨烫多件衣物，避免频繁短时间使用熨斗带来的能量浪费。

购买电熨斗时最好选择能够调节温度的产品，以便对不同的面料采用不同温度熨烫。通常化纤制品所需温度最低，毛制品要高一些，棉制品更高，选择合适温度可以取得最合适的熨烫效果，避免损坏衣物，提高用电效率。熨烫时如果需要对衣物加湿，适度湿润即可，不要加过多的水。

熨烫过程中应合理安排顺序，例如在等待电熨斗升温时先熨烫一些化纤制品，温度升高后熨烫棉毛制品，结束熨烫之前几分钟关掉电熨斗，利用余热来熨烫剩下的化纤制品。如果电熨斗不能调节温度，就更需要充分利用预热和余热的时间。不使用电熨斗时应当关闭，不要让熨斗"空烧"，否则既浪费电又不安全。

第二节　日用洗涤中的学问

日用洗涤品的健康隐患

洗洗涮涮的事情我们每天都要接触，洗涤用品便成为日常必备的。目前市场上的洗涤用品大都是化学洗涤剂。不管是在公共场所、豪华饭店，还是在每个家庭，我们都可以看到化学洗涤剂的踪迹。每天的广播、电视、报刊也在大量地做着化学洗涤剂的广告。人们在越来越依赖化学洗涤剂的同时，化学污染便通过各种渠道对人类的健康产生危害。

人们在广泛使用化学洗涤剂洗头发、洗碗筷、洗衣服、洗澡的同时，化学毒素就从千千万万的毛孔渗入，人体就在不断地"吸毒"。化学污染从口中渗入，从皮肤渗入，日积月累，潜伏集结。由于这种污染的危害在短时间内不可能很明显，因此往往会被忽视。但积少成多可以造成严重的后果，导致人体的各种病变。同时，大量使用化学洗涤用品，含有洗涤剂的废水便流入江河，渗入地下，对生物和水体造成一定程度的污染。这些污染对环境造成危害的同时也对我们的健康造成了威胁，成为我们健康的隐性杀手。

多用肥皂少用洗衣粉

洗衣粉和肥皂是我们经常使用的两种洗涤用品。肥皂去污的主要原理是肥皂能破坏水的表面张力，当肥皂分子进入水时，具有极性的亲水部位，会破坏水分子间的吸引力而使水的表面张力降低，使水分子平均地分配在待清洗的衣物或皮肤表面。肥皂的亲油部位深入油污，而亲水部位溶于水中，此结合物经搅动后形成较小的油滴，而不会重新聚在一起成大油污。此过程（又称乳化）重复多次，则所有油污均会变成非常微小的油滴溶于水中，可被轻易地冲洗干净。其主要成分是高级脂肪酸盐，此外还含有松香、水玻璃、香料、染料等填充剂。肥皂因为多由天然材料制成，对皮肤的刺激性比较小，而且肥皂污水对环境的污染也比较小。

洗衣粉是一种碱性的合成洗涤剂，主要由表面活性剂、聚磷酸盐、4A沸石、水溶性硅酸盐、酶等助洗剂、分散剂经复配加工而成。洗衣剂所含有的成分多为低毒或无毒物质，一般皮肤接触对人体无明显的毒副作用。酶添加剂可引起敏感个体的哮喘和皮肤过敏。但若长时间接触洗衣粉或者衣物上有残留，则会渗入体内对人体产生危害。市面上有含磷洗衣粉和无磷洗衣粉两种。磷是一种营养元素，经常使用含磷洗衣粉不仅易造成环境水体富营养化，从而破坏水质，污染环境，而且对人自身的伤害也比较大。所以应尽量选择无磷洗衣粉。

但相比之下，用洗衣粉所带来的危害要比肥皂多得多。所以，洗衣服时尽量多用肥皂少用洗衣粉，这不仅是为环境保护作贡献，也是为自身健康着想。

尽量少用洗洁精

吃完饭后餐具上面通常会残留很多油渍，直接用水冲非常难洗干净，所以人们会选用洗洁精来清洗。但人们在习惯了使用洗洁精之后却忽视了它给身体带来的危害。

洗洁精要少用

我们用的大部分洗涤用品都是以化学成分为原料的，洗洁精也不例外。洗洁精的主要成分是石油的二级衍生物——十二烷基苯磺酸钠，以及脂肪醇醚硫酸钠、泡沫剂、增溶剂、香精、水、色素等。烷基磺酸钠和脂肪醇醚硫酸钠都是阴离子表面活性剂，是石化产品，用以去除油渍。这种表面活性剂是由石油脂肪酸生产的，一般来说不能降解或降解得很慢，又由于其表面活性剂有很强的渗透力，即使浓度很低渗透力也不减，因此作为有害物质就会渗透到动物、植物及人体内。长时间使用洗洁精清洗餐具、蔬菜水果，这些成分会渗透到其内部。吉林电视台曾经做过一个调查，选用市场上9种洗洁精，洗过餐具后，用自来水冲洗12次，还能检测出平均0.03%残留物。而我们平时清洗根本达不到这个次数，食物和餐具表面的残存物更多，长时间使用的话肯定会对我们身体健康产生不良影响。所以，平时还是少用洗洁精为妙。

牙膏、肥皂、洗发水的妙用

牙膏的妙用

牙膏不仅是洁口健齿的卫生用品，而且还能给您的夏日生活带来很多方便。

洗澡时用牙膏代替浴皂搓身去污，既有明显的洁肤功能，还能使浴后浑身凉爽，有预防痱子的作用。

夏日身体长了痱子，可用温水将痱子处洗净，涂擦一层牙膏，痱子不久即可消失。

皮肤小面积擦伤，局部肿胀，可在伤口处涂些牙膏，这不仅具有止痛、止血、减轻肿胀的功效，还有防止伤口化脓的作用。

皮肤被蚊、蜂、蝎、蜈蚣等蜇咬后，患处疼痛难忍，用牙膏擦抹患处，可起到止痒、止疼的作用和凉血消肿的效果。

男子剃须时，可用牙膏代替肥皂。由于牙膏不含游离碱，不仅对皮肤无刺激，而且泡沫丰富，同时气味清香，使人有清凉舒爽之感。

夏日人体容易得皮癣，用清水将患处洗净、擦干，将牙膏涂抹患处，对治疗皮癣很有帮助。

夏季有些人爱犯脚气病，若用牙膏与阿司匹林（压碎成粉）混合搅匀，涂于患处，有止痒、杀菌作用。

夏天人们出汗多，衣领、袖口等处的汗渍不易洗净，只要抹少许牙膏，汗渍即除。

牙膏不但能清洁我们的牙齿，还能清洁其他的东西呢。

用布蘸点牙膏擦拭水龙头，可使水龙头光亮如新。

用海绵蘸点牙膏刷洗脸盆和浴缸，效果很好。

用棉布蘸点牙膏后，轻轻擦拭泛黄的白色家具，可使家具颜色还原如新。

用温热的湿抹布将灶台上的焦垢浸软，然后用尼龙洗碗布蘸牙膏用力刷洗污垢，再用干净的布擦干净即可。

烹调完鱼后，手上仍残留有鱼腥味，不妨在手上挤点牙膏搓洗，鱼腥味便能立刻消除。

手上沾了食用油、签字笔油、汽车蜡或机油等难洗的油污，用牙膏搓洗就能清除。

衣服的袖口和衣领一般是比较难洗涤的，用牙膏涂在污处，反复搓洗，效果不错。

白球鞋穿久后常会泛黄，先用专用清洗剂处理，再用牙膏刷一刷，清水冲洗，球鞋便可洁白如新。

肥皂的妙用

肥皂除了可用于洗涤外，还有其他用途。例如：

搬重物时，在地板上涂些肥皂，移动起来省时省力。上螺丝时抹在螺纹上，可轻松将螺丝拧进。要给自行车的把手套上塑料管套，或在脚踏上套上橡胶护套，都是很费劲的事。可在把手处或橡胶套内，用肥皂蘸水涂一下，即可起到润滑作用，套入时比较省力。

刷油漆前，在指甲缝里涂些肥皂，油漆就不易嵌入指甲缝内。

家具被虫蛀蚀后，可用肥皂堵住洞口，或用浓肥皂液灌入杀虫。

在新布或光滑木板上书写毛笔字不清晰时，可在墨汁中加浓皂液再写，字迹便会清晰。

新麻绳或新线绳易断，可放入肥皂液中浸泡 5～10 分钟，绳子会变得结实。

往墙上贴纸前，在糨糊中兑入少许肥皂液，充分搅拌后再贴更牢固。

误食有毒食物、药物、异物，在就医前先喝一些肥皂水，可以把腹中物吐出来，有利治疗。

可涂抹肥皂使新的拉链变得好用。

手表金属壳用肥皂涂后，再用布擦拭干净，可防止汗液侵蚀。

皮肤被蚊子叮咬后发痒，可用肥皂沾水后，涂于蚊虫叮咬处，片刻即可止痒。

小面积的水、火轻度烫伤产生灼痛时，可将烫伤处浸于肥皂水中，即可减轻灼痛感。

洗发水的妙用

如果不小心把果汁、酱油洒在了地毯上，这时该如何清洗地毯呢？马上动手清洗的话，就不易留下污渍。不必用地毯专用清洁剂，家中经常用的洗发水就能派上用场。首先挤出洗发水，在掌中搓揉出泡沫，然后涂在地毯沾到脏污的地方，轻轻搓揉，让泡沫渗进去，等大约2分钟后，用湿的抹布或湿巾擦拭，污渍就消失不见了。

洗发水还可以用来当衣领净使用，还可以用来洗白袜子。

相关链接

地毯清洁诀窍

地毯以其高雅富贵、脚感舒适的优点被人们广泛使用，但在使用过程中我们会发现地毯的一些缺点让我们很头疼：不易打理，清洗起来困难等等。下面给大家介绍几个清洁地毯的诀窍。

地毯上的尘土和颗粒物质，可以直接用吸尘器清理，或者将扫帚在肥皂水中浸泡后扫地毯，随扫随浸，保持扫帚的湿润，然后撒上细盐，再用扫帚清扫，最后用抹布抹擦干净。或用水浸泡旧被单后拧干，铺在地毯上面，再用木棍敲打，灰尘就被吸附到湿布上了。局部性的严重污渍，先用喷壶均匀喷洒清洁剂，待5~10分钟后再全面清洗。清洁剂要与污渍性质相对应，如普通污渍用地毯除渍剂，油渍则用化油剂。

对于几种常见的污渍，还可以采用下面的方法进行清洗。

鞋油、油漆弄脏地毯可用香蕉水或汽油擦洗，再用中性洗涤剂清洗。

血渍弄脏地毯可用冷水擦洗，再用盐水或柠檬汁搓洗。不能用热水，血遇热便会凝固粘牢。

清洁地毯

　　茶渍、咖啡弄脏地毯可用甘油涂污染处，再用布沾温水擦去，最后用中性洗涤剂清洗。

　　酱油、醋、牛奶、冰淇淋、饮料等弄脏地毯，可先用布沾温水挤干后吸取，再用酒精擦洗。

　　水果渍弄脏地毯，可先用8%左右浓度的氨水浸湿污处，再用毛刷蘸这种氨水刷洗。

家养宠物和植物篇

第一节　饲养宠物与环保和健康

养宠物需面对的问题

养宠物主要存在以下两个方面的问题：

（一）宠物自身的问题：

1. 宠物的食谱要合理：既不能太丰盛，以免造成宠物挑食症；也不能太随意，不然会引起各种动物疾病。

2. 四季的皮毛打理要及时：尤其是皮毛换季脱落的时候，要参照专业指导进行清理。

3. 宠物的居住场所要合适：一般应在家中专门为宠物设置一个独立的空间，帮助小宠物养成良好的生活习惯。

4. 宠物的活动时间要保证：一般在清晨或傍晚要带宠物到开阔的场所活动，时刻让宠物保持活力，并与其他宠物结成良好的关系，有助于它们更好地成长。

（二）宠物与人的问题：

1. 生活方式问题：主人要和宠物形成良好的互动关系，通过驯养和交流形成默契的关系。

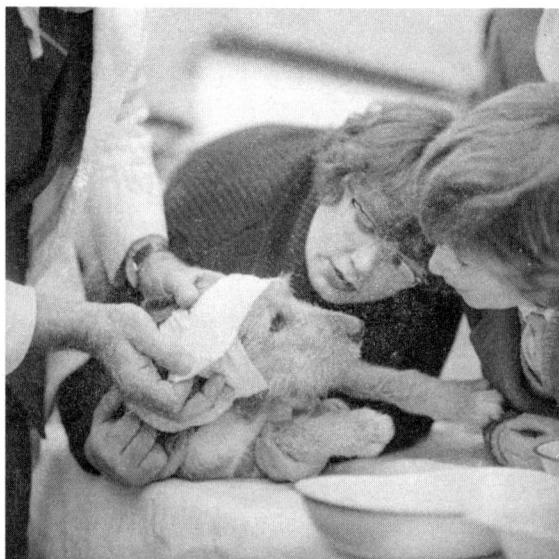

为宠物狗包扎伤口

2. 动物疾病预防问题：预防弓形体病。这是一种人畜共患的传染病，而在宠物中，猫是最易患弓形体病的。一般染上此病没有什么反应，尽管有的人会出现乏力、肌肉酸痛、发热、黄疸等症状，但在几天内就会自行消失。可是，此病对孕妇却会造成流产、早产、死产，胎儿脑小畸形、眼小畸形等严重后果。因此，在日常生活中，最好不要让猫舔自己的手、面部和黏膜，也不要让猫舔饭碗、菜碟等餐具，更不能与猫同居一室或同睡，以防无意中染上弓形体病。

预防狂犬病。狗是狂犬病毒的携带者，一旦被狗咬伤或抓伤，病毒就会从伤口侵入人体，并传到中枢神经系统，发病后会出现极度兴奋、恐慌、流涎、呼吸困难等症状，最后导致瘫痪、呼吸衰竭而死亡。目前对狂犬病还没有特效的治疗办法。因此，在生活中，要尽量避免被狗咬伤或抓伤，万一被狗致伤，应立即到医院进行处理，以免出现意外。

预防破伤风。被任何动物咬伤后，都会有感染破伤风的危险，因此，整日与宠物为伴的人应有足够的警惕性。

预防猫抓热。猫抓热是一种被猫抓破皮肤后所得的传染病，其症状就是发烧，抓破处起紫红色疙瘩，然后变成小脓疱，脓疱破后变成溃疡。因此，一旦被猫抓破皮肤就应及时到医院进行处理。

预防猫癣。与猫共同生活，就会有感染猫癣的危险。因此，在保持宠物卫生的同时，每个人还得有一定的防备意识。

养宠物应做好充分准备

近年来，我国兴起"宠物热"，凡是能够买到的宠物，人们几乎都敢领养。有些爱宠物人士与宠物的关系密切至极，同室居、同桌食、同床睡，真是达到了宠之深、爱之切。我们不否认宠物给人们带来了乐趣，赶走了寂寞，给儿童开阔了眼界，培养了爱心。但由于知识匮乏、条件不足，或宠之过度、饲养不当，宠物也给我们带来许多麻烦和意外伤害。我们也给宠物自身造成了伤害，还对环境造成了污染。因此在这里给大家提几点养宠物需要注意的事项。

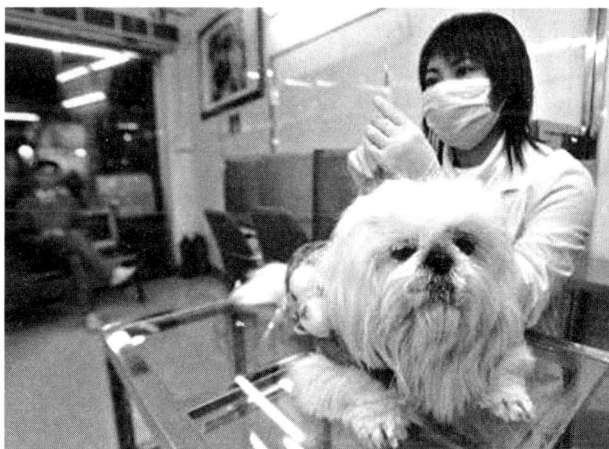

正在接受注射的小狗

首先，要加强对宠物卫生的保养和健康的护理。如给宠物注射疫苗，经常洗澡，以及对宠物房间的杀菌过滤。尤其是有小孩和孕妇的家庭，更要加

强监护，以免细菌传染，造成疾病甚至影响下一代。

其次，若发现宠物异常要及时带它们去宠物医院治疗，若被医院诊治为传染性疾病的，要隔离，严重的应忍痛毁弃掉。即使宠物无传染病，也要定期检查、打针。

尽可能不要过分亲密地接近宠物。宠物主人在跟宠物密切接触之后，比如，抚摸宠物，或者宠物舌头舔舐皮肤后，要及时清洁，特别是吃饭和睡觉前。因为动物身上会带有多种病菌，像猫就极易携带弓形体病毒，此外，还能传播巴斯德杆菌，这种病菌可能致人患出血性败血症。鸽子身上也有一种叫"曲菌"的致病性真菌，人感染后可引发气管炎、支气管炎、肺脓肿和肺肉芽肿等疾病。小狗也可能通过寄生虫、跳蚤、螨虫传播给人多种疾病。更不能让宠物去触碰家中的饮食餐具，以及卫生用品等跟人体接触密切的东西。

再次，家中饲养宠物要以不影响他人生活为原则，不能"把自己的心身愉悦建立在他人的痛苦之上"。比如，尽量避免你的狗在夜深人静的时候狂吠；带宠物出门散步要注意不要让宠物的粪便和排泄物污染环境，要负责及时清理；避免你的宠物乱跑，以免咬伤或抓伤路人等等。

此外在领养宠物时还要注意，尽量不要养一些千奇百怪的动物，因为有些非普通宠物，本身就属于危险动物品种，像蛇一类的，领养过来可能会成为一种隐患。对于一些进口宠物，一定要有完备的进口证件，入境时要有全面的检测。同时，不要轻易领养走失的流浪动物，因为没有定期接种疫苗，流浪猫狗对人的危害性更大，也更易传播疾病。所以宠物来源一定要有保证。

家中宠物因为疾病或者其他原因死亡后，应该对尸体进行正确处理。曾经有记者对将来如何处理宠物的尸体进行了采访，很多人表示要挖坑掩埋处理。一位从事环保工作多年的人士对此表示，流浪的宠物除了容易对人造成危害外，还会对城市环境、交通以及公共卫生安全构成严重的隐患，甚至带来更大的危害。他说："我经常去郊区的一些地方，发现不少村庄的河里有一些腐烂的猫狗尸体，不仅尸体臭味让人难受，而且还对水源造成了重大的污染。"

因此在处理宠物尸体时要格外注意。如果宠物是因一般疾病而死的，可以将它深埋在树下，这样尸体可以变成有机肥料，但一定要注意远离水源，以免造成水污染。如果宠物是因传染病而死，尤其是狂犬病等一类传染病，那就要通过宠物医院报告动物防疫部门，到动物尸体处理场进行无害化处理。《中华人民共和国动物防疫法》第二十一条规定"染疫动物及其排泄物、染疫动物产品，病死或死因不明的动物尸体，运载工具中的动物排泄物及垫料、包装物、容器等污染物，应当按照国务院兽医主管部门的规定处理，不得随意处置"。

养宠物也要环保

1. 十种让狗狗安静的方法

狗狗在百无聊赖的时候很容易叫，尤其是在晚上。如果你的狗狗不停地吠叫，不仅会影响家人的休息，而且也会给邻居带来不便。那么什么方法才能让狗狗安静下来呢？下面就介绍十种可以让狗狗安静的方法。

让狗安静也有方法

（1）多运动

充足的运动量可以消耗狗狗的精力。在玩或跑了一整天之后，狗儿宁可

好好地睡上一觉，也不愿意再浪费体力吠叫。

（2）咬骨头

如果有东西可以堵住狗狗的嘴，它们就没有时间乱叫了。那些越难咬的东西对它们越有挑战性。所以下回当你准备出门时，先扔给它最爱咬的玩具，好让它打发无聊的时间。

（3）动动脑

如果狗狗有事做就没有空乱叫了。在出门前，先用手揉搓它们喜爱的玩具，好让自己的味道留在上面。当看不到主人的时候，孤单的狗儿便会花更多的时间，在玩具上寻找主人的味道，而忘记了吠叫。

（4）弄点声音

对于那些神经质的狗狗来说，一听到什么风吹草动便会叫个不停。如果不能完全革除环境中的噪音，不妨制造出一些声音来作为干扰。比如说当邮递员经过的时候，便打开嘈杂的吸尘器混淆狗狗的听觉。

（5）回应它

有些时候狗狗不停地吠叫，只是为了将某种讯息传达给主人。如果主人适度地回应并表示赞赏，了解任务完成后，狗狗自然会闭上嘴了。

（6）奖励它

如果狗狗就是不肯闭嘴，主人应立刻用坚定的话语斥责它："安静!"当狗狗不再吠叫以后，主人不妨给予一些小点心或赞美它的话以示鼓励。这么做的用意是为了让狗狗知道，听话以及保持安静能得到主人的欢心与奖励。

（7）别理它

有些狗狗和人类一样，失去了听众就提不起劲来继续发表长篇大论的演说。如果它们始终喋喋不休，主人不妨转身离开，大多数狗狗都会识相地闭上嘴。为了加强它们的学习效果，建议主人可以随身携带一个小铃铛。每当狗狗叫个不停的时候，先摇一摇铃铛，确定它们听到铃声后便离开房间。经过几次训教，下回狂叫的狗只要听到铃声，就知道应该闭上嘴了。同样，当它们不再吠叫的时候，主人可以给他们一些赞美或奖赏。

（8）戴口罩

许多驯犬专家建议，可以给狗戴口罩，有一种外形如马缰绳的口罩，附带着一条长约 3 米的拉带，当狗狗开始乱叫的时候，只需轻轻拉带子，便可使口罩收缩而让它们闭上嘴。这种口罩是非常人道的产品，它不像其他训练用的颈圈，可能造成宠物窒息般的痛苦。只要经过几次训练，狗狗就可以了解沉默是金的道理了。

（9）声音警告

在空罐子里装些铜钱或豆子，如果爱叫的狗狗不听劝告，就拿这个法宝在它们的耳朵旁边用力晃两下。动物们都不喜欢那种声音，以后它在开口前，多半就会记起上次的教训。

（10）听狗狗说话

狗狗的叫声中有许多不同的意思，就好像学习外语，只要仔细分辨狗的叫声，就能了解其中的含义。如果发现狗狗的叫声中夹杂着几声哀鸣，它可能就是要求你不要离开它，或者它感到害怕；如果在长叫一声后，接续出现几个短声，这代表它们觉得无聊；兴高采烈的叫声代表它们想跟你玩。其实，只要仔细聆听，你一定能听懂他们在说什么。

2. 注意爱犬的体臭

几乎所有的犬类身上都会有体味，这也是它们本身的特征之一。犬的口部、皮肤、耳朵、尾巴和分泌腺是体味的来源。作为爱犬的主人你应该对它的体味多加留意，最好每两个星期就为犬做一次气味检查，因为宠物体味的变化可以反映其身体状况的变化。

口臭是令犬有体臭的头号杀手。当犬进食后，因为食物残渣仍留在齿缝之间，令口腔发出臭味。但这只是一个小问题，因为唾液能够很快地将食物残渣冲走。至于持续性的口臭则可能由牙周病所引起。

牙周病的成因是由于牙菌膜和牙垢在齿缝间积聚而成。细菌在温暖又湿润的口腔内生存和大量繁殖，同时它们会释放含有硫黄成分的物质，这就是臭味的来源。某一些标榜能医治犬持续性口臭的药物，其实只能将臭气暂时盖住，并不能治本。所以当犬有口臭，便要带它看兽医了，否则口腔内细菌可能会经过牙肉进入血管。

研究发现，犬口臭会导致其他身体器官的毛病，以及刺激肿瘤的生长。口臭能导致牙齿齿髓内的组织死亡，令牙根松脱和牙齿脱落。情况严重的话，只有替犬牙齿做根管治疗和使用抗生素才能解决问题。除了牙齿本身的问题外，年纪较大的犬常会患口腔肿瘤，幼犬因咬电线而令口腔组织遭电击死亡。咽喉、鼻腔、口腔、食道等的疾病，肝脏和胰脏的失调，都会导致犬有口臭。

另一种导致口臭的疾病就是唇炎。这种病多在唇部有皱褶的犬种中发生，例如西班牙长耳猎犬。因唇炎而发出的气味像香港脚，兽医会使用抗生素来为犬医治。只要保持犬口唇清洁和干爽，以及将口唇附近的毛剪短，便可大大降低唇炎发生的概率。患有慢性肾病的犬都会有口臭，因为它们的血液中尿素浓度较高，尿素会随着唾液分泌流出。尿素在口腔内会被分解为氨（亚摩尼亚），导致口臭。

犬的皮肤也会散发出臭味。如果犬的皮肤有伤口，发出异味是很普遍的。但是，伤口会因为受细菌感染而扩大，最常见的是葡萄球菌。敏感症、荷尔蒙问题、内分泌失调都会使犬的皮肤产生异味。此外，寄生在犬皮肤上的蚤，也是臭味的来源。犬亦会因为痒而去抓皮肤，这样会导致更加严重的病菌感染。

臭味的另一个来源，是由于犬经常用舌头舔着皮毛，唾液会使细菌和尘埃等积在皮毛中，导致臭味发出。

犬耳朵发出异味，是因受到细菌或寄生物所感染。耳朵会因受到一种酵母菌的感染，发出一股如水果的甜味。长耳朵的犬种容易有这些问题。长耳朵会妨碍血液的循环和容易沾染污物。犬主可每隔两星期用沾上酒精的棉花棒为犬清洁耳朵。遇到严重的情况，最好带犬到兽医诊所做详细的检查及适当的医治。

此外，还有一个体臭的来源就是胃气了。但犬小肠内有99%的气体是没有气味的，例如氮、氧、氢、甲烷和二氧化碳。犬有没有胃气，可从它们所吃的食物来判断。吃腐败的食物、吃含有高蛋白质和含硫量高的氨基酸的食物就会有了，例如豆种植物、黄豆等，多会产生臭气。控制的方法非常简单，只要为犬提供容易消化、低纤维和含有适量蛋白质的食物便可以，您也可以向兽医征询意见。犬也会因吞入空气而导致有胃气，如果犬在进食时神经紧张，又或者进食得太急促，都会吞入大量空气至胃部。如改变犬的食谱仍无好转的话，会令您和您的爱犬都感到尴尬。而太多的细菌在肠内、小肠内阻塞会导致肠胃病，肠胃病也会导致持续性胃气。

3. 二手烟也能让猫狗患癌症

美国科学家研究发现，吸"二手烟"不仅会对人的身体造成伤害，也会使家中的宠物患病。

美国俄克拉荷马州大学的兽医麦卡利斯特称，被动吸烟的危害正在从人向动物转移。最近有许多科学论文都阐述了被动吸烟对宠物的危害问题。被宠物吸入的烟尘可能会导致猫患口腔癌或淋巴瘤的概率升高，还可能会导致狗患肺癌或鼻癌，甚至还会使鸟类患上肺癌。

（1）对猫的危害

美国塔福次学院动物医学部的一项研究结果显示，在患有口腔癌（也称鳞状细胞癌）的猫中，家养猫的患病几率要高于生活在无烟区的猫。"猫对烟如此敏感主要是因为猫爱干净，出于清洁的目的，猫经常舔舐自己的皮毛，这样就会把皮肤上的致癌物质也吸入身体，它们舔舐的过程也就是口腔黏膜与致癌物质接触的过程。"

此外，与吸烟者朝夕相处的猫患恶性淋巴瘤的几率比一般的猫高出 2 倍。这种癌症产生于淋巴结脉内，患有这种病的猫有 3/4 会在一年内死亡。

（2）对狗的危害

研究结果显示，生活在吸烟家庭中的狗很容易患鼻癌和鼻窦癌，尤其对于长鼻狗来说更危险，因为它们鼻子内腔的面积较大，接触到癌细胞的几率也就更多，而患有鼻癌的狗存活时间不会超过一年。

鼻子较短或长度适中的狗则容易患上肺癌，"因为它们的鼻容量较小，不

太容易聚集吸入的烟尘，这样就使致癌烟尘直接进入肺部，从而增加这些狗患肺癌的可能性"。

相对于猫和狗来说，鸟类则有可能受到肺癌或急性肺炎的危害，因为鸟类的呼吸系统对任何一种空气污染都很敏感。

为了防止被动吸烟对动物的危害，兽医建议吸烟者在远离居住地的特定区域吸烟，或者戒烟，以免无辜的动物受到牵连。

4. 又到毛毛纷飞时

春季是动物的发情期，为了求爱很多宠物都会脱毛"换新装"，还会分泌特殊的性分泌物。其松软的皮毛也会迅速成为繁殖的螨虫、弓形虫、跳蚤的安乐窝，使亲近它们的主人发生过敏性反应，引发皮癣、湿疹等皮肤病。

很多体质敏感的宠物主人还会因此染上典型的"宠物病"。"宠物病"主要表现为接触性过敏或吸入性过敏，除瘙痒外，也有患者会感到鼻痒，流清水样鼻涕，喷嚏不断。因为春季人体的新陈代谢能力也逐渐旺盛，皮脂腺分泌增多，皮肤容易变得敏感，对致敏源的反应比其他季节更为"强烈"，尤以妇女和儿童的症状表现最为突出。要减少"宠物病"的发病率，饲养宠物时一定要谨慎。尤其是已出现过过敏疾病的人，最好是不要在家中饲养猫狗，或者和宠物分屋居住。宠物要定期注射疫苗和消毒，主人应及时处理宠物粪便和落毛，在宠物换毛期间避免人畜亲密接触。

家中的宠物脱落的绒毛到处乱飞，是很多养宠物人士头疼的问题。这个时期对宠物来说也是很关键的，除了可能因此而毛皮结团外，它们会因为舔毛时吞下大量的绒毛，而在胃里形成毛球，影响消化和吸收。如果你发现家里的小狗、猫咪最近常常打喷嚏、流鼻涕、咳嗽，就必须马上动手帮它们清理毛发。

对于宠物狗，梳理时可先用小刷子将毛发中的死结清理开，然后再用鬃毛刷全身上下彻底地梳理，刷掉褪下的毛和毛发上的灰尘；最后用一把较好的梳子梳理小狗尾巴和腿上的丛毛，并用剪刀剪掉肮脏的毛发。若是长毛狗，得用小刷子轻轻地将小狗毛发中纠缠的死结和发团梳理开，再用圆头针状刷子将小狗的毛发刷一遍；然后用宽而密的梳子将它的毛发梳理一番，梳理腿上的丛毛时应特别注意；最后，修齐腿上和脚上的长毛。

对于猫来说，胶皮梳子是最好的用具，用时套在手上从猫头向尾巴捋，反复捋。由于静电，掉下来的毛都粘在梳子上，不会到处飘落。

5. 让宠物远离电磁辐射

家电中有很多电器都有电磁辐射。其中，电磁辐射较大的属台式电脑（不包括液晶显示屏的）和电视机，这两类电器电磁辐射范围最大的不是屏幕，而是机器两侧和顶部。

由于机器本身运转产生热量，而有些宠物，比如猫喜欢暖和的地方，而且喜欢靠近自己的主人，于是它们常常待在打开的电视机上和电脑机箱上凝视你。可它们不知道，自己的身体正在受到电磁波和射线的辐射，而这种辐射肯定是有害的！

这种辐射对于宠物的危害程度应该是比较大的，因为他们靠得太近！用人来作比较，长时间使用电脑除了眼睛疲劳以外，还有恶心呕吐、浑身疲倦的感觉，这些症状形成的部分原因就是电磁辐射。那么宠物的症状应该更严重，只是它们不能用语言告诉你，而你是否已经观察到你的宠物没精打采、饭量减少、比以前更嗜睡，或者有其他疾病？

所以，作为宠物的主人，你要注意以下事项：

（1）购买电脑或电视机时，注意购买液晶显示屏类的。

（2）不让宠物躺、卧、坐在正处于运行状态的电脑和电视机上。

（3）如果宠物靠近正在使用电脑时的你，你可以让他在你的腿上或者在你电脑屏幕的正前方（后一种时间不宜过长）。

（4）对于家里正在运转中的微波炉，也不要让宠物靠近，因为即使紧闭炉门，也有少量微波辐射，这时候宠物不适合待在那里。

6. 宠物家居的陷阱

（1）暖水瓶。小猫小狗喜欢在家中蹿上跳下，尤其是当它们追追逃逃打成一团的时候，如果旁边有暖瓶会非常危险，很可能会使暖瓶爆炸。滚烫的

热水和飞溅的玻璃碎片,俨然就是一颗小炸弹,可以轻而易举地伤害到宠物。所以在家中要注意把暖水瓶放在宠物不容易碰到的地方。

(2)塑料袋。塑料袋可以说是安全的陷阱,看起来再平常不过的东西,转眼可能就会要了小狗和小猫的命。狗狗和猫猫都活泼好动,塑料袋质地轻,在狗狗猫猫的摆弄下会翩翩飞舞,更惹得它们爱不释"爪"。一旦被这看似温柔的塑料袋罩住了头可不是闹着玩的,尽管尖锐的爪子可以撕破袋子,但如果长时间被罩住的话,可能会导致窒息死亡。还有些小狗喜欢撕咬塑料袋,塑料袋的碎片很容易粘在喉咙里造成窒息死亡。

(3)接线板。电是最大的宠物家居陷阱之一,宠物在接线板旁玩耍的时候,身上的长毛会触到插孔里,由于它的毛发导电,一旦触电就会立即发出一个蓝色的大火花,后果不堪设想。

(4)化妆品。梳妆台是女士们卧室必备的家当,化妆用的各种瓶瓶罐罐往往都是用完以后随手摆放在梳妆台上。主人在家的时候,宠物们好像对那个神秘地带一点兴趣也没有,但是当主人不在家的时候,在这些高高低低的瓶瓶罐罐之间闪转腾挪,就成了爱好猎奇的猫猫狗狗的新游戏项目。但化妆品中摩丝和发胶的罐子是有压力的,从高处坠落会有发生爆炸的危险。一些狗狗喜欢找个玩具来练练牙口,如果不慎选择了摩丝罐,几口咬下去,咬炸了可不是闹着玩的。由于很多化妆品中含有大量的化学物质和重金属,所以若是宠物舔舐或者吞咽了,很有可能会发生中毒事件。

(5)一次性打火机。沙发前的茶几上经常随随便便地放着一些我们需要随时拿取的小物件:手机、钥匙、报纸、烟灰缸和一次性打火机。即便是小型的宠物狗,也能很容易地从茶几上叼一两个它感兴趣的新鲜玩意拖到地上磨牙玩。如果某天它偏巧对色彩鲜艳、体形轻巧、气味独特的一次性打火机发生了兴趣,那么很可能会啃爆它。所以,若是家中养有宠物的话,最好把这类易爆品收起来,以免发生意外。

(6)小段金属丝。最常见的金属丝就是糕点袋子外面缠绕用的那种。主人总是对宠物的自我保护意识很放心,认为它们很机灵,不会什么东西都往肚子里面吞。有时候，危险就在主人的一时疏忽中发生了。假如有一天，你吃完面包，忘了把金属丝绑好，而是落在桌上。这时，贪玩的猫就会把它当做玩具玩。开始猫只是把它含在嘴里玩玩而已，但是猫舌头上的倒刺会把金属丝舔进肚里。因为猫只会做吞咽的动作，无法主动地将进到喉咙里的东西吐出来，所以很容易将近 10 厘米的金属丝吞下去，或者，发生更糟糕的情况，一半在里一半在外把喉咙卡住了。这种情况下，猫在急躁之下很容易乱抓使食道划伤，出现生命危险。

（7）厨房。厨房是个险象环生的危险地区，无论如何都不应让宠物进入。菜板上的刀可能割破宠物的皮肉，垃圾桶里的不明物体可能吃坏宠物的肚子，开水瓶里的开水以及玻璃餐具的碎片都有可能伤到宠物。最关键的是厨房有火。千万别高估猫狗天生的自我保护能力，作为宠物，它们识别危险的能力和依在爸妈身边撒娇的三岁小孩没什么分别，一不留神就要出事儿。因此你手忙脚乱做饭的时候，尤其是在厨房没人时，一定要把门关好。

（8）敞开的窗户。很多猫都喜欢蹲在窗台上透过玻璃窗看外面的小鸟儿飞，树叶儿动。但是也有些特别向往外面的世界而又不知深浅的小猫，会从敞开的窗户缝钻出去。它们的冒险历程可能在你家的空调主机上结束，也可能停滞在楼下邻居的遮阳篷上，当然，还有一些冒冒失失地跳了下去。

（9）首饰。如果你家的项链、戒指失窃了，而且你家的门窗紧闭，锁头完好，另外也没有丢失其他东西，那么在你打电话报警之前，还是先抱着你的宠物狗去医院做个 X 光检查吧。你的那些家当有可能就窝藏在它的肚子里呢！不要以为，你的首饰可以通过宠物的排便排出来，对宠物也没有什么伤害。首饰上的装饰品或者棱角可能会划伤宠物的内脏，抑或宠物在吞咽时卡在喉咙，这些都是致命的伤害。所以，为了防止你的首饰"失窃"，还是收好吧。

（10）剩余食物。主人吃剩的食物，尤其是肉食，比如半条火腿肠，大半只烧鸡，一大盘酱肘子等。主人不在家或者入睡之后，宠物很喜欢悄悄跳上餐桌，去寻找那些主人平时不让它们享用的美味佳肴。一旦发现了这样的目

标，它们是决不会放过的。在饱餐一顿时往往忽略了自己的胃，很容易造成积食。如果食物过期或者发霉变质，还容易导致痢疾。所以，对于吃剩的食物要放在冰箱或者厨房，或倒掉，千万不要摆在桌面上等着宠物来美餐一顿。你小小的忽略，很可能会葬送一条生命。

警惕宠物疾病

1. 狗容易患的病症

很多家庭都喜欢养一只宠物狗作为玩伴，很多人也知道狗身上可能有狂犬病菌，但除此之外狗的身上还有很多种病菌。即使天天给你的宠物狗洗澡，也不能保证它是完全干净、健康的。有些疾病会对人们的健康造成直接的威胁，如果处理不当还会造成一定的环境问题，所以我们要对狗容易患的一些病症有所了解。狗最容易患的病症主要有以下几种：

（1）传染性肝炎

传染性肝炎是由传染性肝炎病毒引起的犬的一种急性、败血性传染病。症状表现为：潜伏期短，人工感染约2~6天发病，易感犬与病犬自然接触后通常在6~9天后表现症状。主要症状有精神差，食欲下降，渴欲增高，体温升高达40℃以上，持续1~6天。有时呕吐，常常腹泻，粪便有时带血。大多数病例表现为剑状软骨部位的腹痛。很少出现黄疸。在急性症状消失后7~10天，约有25%的康复犬的一眼或双眼出现暂时性角膜混浊（眼色素层炎），颜色发蓝。病犬黏膜苍白，有时乳齿周围出血或产生自发性血肿。扁桃体常急性发炎并肿大，心脏搏动增强，呼吸加快。病犬血凝时间延长，如果发生出血，往往血流不止。病程较犬瘟热短得多，大约在2周内恢复或死亡。

预防措施：接种疫苗。一般在第9周龄时进行第一次免疫接种，然后在第15周龄时再接种一次。成年犬需每年接种一次。

（2）狂犬病

狂犬病又称疯狗病或恐水病，是由狂犬病病毒引起的一种急性接触性传染病。症状为各种形式的兴奋或麻痹。潜伏期长短变化很大，一般为20~60

天，最短 8 天，也有长达十几年的。症状有两种类型，即狂暴型和麻痹型。狂暴型的病犬在初期精神差，有时烦躁，常躲在暗处不愿出来，爱吃异物，吞咽时伸颈，瞳孔散大，唾液增多。经过半天到两天，兴奋狂暴往往与沉郁交替出现，兴奋狂暴时，常攻击主人，之后病犬疲劳，卧地不动，但不久又起，出现特殊的斜视和惶恐，当再次受到外界刺激时，又出现一次新的发作，疯狂地攻击人、畜，自咬四肢、尾巴和阴部等处。病犬不认家。2～4 天后，病情进入末期即麻痹期。此时病犬下颌下垂，舌脱出口外，流涎多，不久后躯麻痹，走路摇摆，卧地不起，最后死亡。麻痹型：仅经过短期的兴奋期即转入麻痹期。主要表现为喉头、下颌、后驱麻痹、流涎、张口和吞咽困难等，2～4 天死亡。

预防措施：临床症状明显的病犬，无法治愈，应予扑杀。对于感染狂犬病毒的犬类不能剥皮吃肉，应深埋或烧掉。未发病的犬每年应到有关部门指定的地方接种狂犬病疫苗。狂犬病能传染人，人若被有狂犬病或疑似狂犬病的动物咬伤，应迅速用清水、20％ 肥皂水反复冲洗伤口至少 20 分钟，再用70％ 酒精或碘酊充分给伤口消毒，及早接种狂犬病疫苗，同时结合注射狂犬病免疫血清。

（3）钱癣

钱癣是由犬小孢子菌等引起的犬的一种真菌性皮肤传染病。症状表现为：患处的皮肤脱毛，出现环形的鳞屑斑，残留有被破坏的毛根，有时患部完全脱毛。严重时，皮肤大面积脱毛，形成红斑或痂皮。当癣斑中间开始生毛时，其周围的脱毛现象仍在继续。犬小孢子菌可传染人。

防治措施：发现病犬，应隔离治疗。病犬可喂服灰黄霉素，每日每千克体重25～50毫克，连服 3～5 周，直到痊愈为止。同时，剪去患部的毛，选用下列药物涂擦：①10％ 水杨酸酒精或油膏，每天或隔天涂擦；②克霉唑软膏，每天 1～2 次；③酮康唑软膏，每天 1～2 次。

同时还应注意，人的浅部真菌病和犬的钱癣一样，也是由表皮癣菌属、小孢子菌属和发癣菌属所引起的，所以在养犬时要注意人自身的防护。

（4）犬瘟热

犬瘟热是由犬瘟热病毒引起的一种高度接触性传染性病毒病。以急性鼻卡他以及随后的支气管炎、卡他性肺炎、严重的胃肠炎和神经症状为特征。主要发生于幼犬。症状表现为：犬瘟热的潜伏期通常为3~4天，有时可延长到17~21天。病初通常表现为眼、鼻流出水样分泌物，精神差，缺乏食欲，体温升高，初次体温升高至39.5℃~41℃，持续1~3天，然后消退，此时病犬似有好转，能进食。几天后又发生第二次体温升高，持续一周或更长，出现更广泛的症状，如咳嗽，轻度呼吸困难，常有下痢，呕吐。病犬濒死时可能有抽搐，最终死亡，不死的会留下后遗症。但神经症状不尽相同，可见到冲撞、转圈，步态和姿势异常，肌肉颤动等症状。偶尔还可见到脚垫过度角化。犬瘟热病的病程长短差别很大，主要取决于继发感染的性质和严重程度。

防治措施：一旦怀疑有病犬死于犬瘟热病时，应立即将病犬隔离，将死犬尸体焚烧，并对环境和所有的器具进行彻底消毒。同时应紧急预防，注射抗犬瘟热高免血清（每千克体重2~3毫升，皮下或肌肉注射），并配合抗生素药物及对症疗法，对早期病犬有一定疗效，但对有临床症状的病犬疗效不好。总之，患犬瘟热病的犬难以治疗。

犬瘟热的预防以免疫注射为主，成年犬每年接种一次，幼年犬从1.5~2月时开始接种，需要间隔2周重复接种1~2次。各厂家的要求不相同，接种时需要参照疫苗本身的说明书。

（5）伪狂犬病

伪狂犬病又叫阿氏病，是由伪狂犬病病毒所致的犬的一种急性传染病。其病症为发热，奇痒及脑脊髓炎。具体表现为：潜伏期1~8天，少数长达3周。最特别的症状是病毒入侵范围内的瘙痒刺激，有时由于不断地搔抓和自咬而自残。初期病犬淡漠，之后出现不安，拒食，蜷缩而坐，时常更换坐的地方，有时体温升高，且常发生呕吐等现象。经过消化道感染的病犬常大量流涎，吞咽困难。起初病犬舐皮肤受伤处，稍后痒觉增加，搔抓舐咬痒处，引起周围组织肿胀，或造成很深的创伤。有时缺乏这种症状，但病犬呻吟，似乎身体某处有疼痛。部分病例还可见类似狂犬病的症状，呼吸困难，常很快死亡。

预防措施：消灭犬舍中的老鼠和禁喂病猪肉，对预防该病具有重要作用。如已发病，应将犬舍彻底打扫后用0.1%火碱液消毒。伪狂犬病对人有一定危害，患者皮肤剧痒，通常不会引起死亡。一般经皮肤创伤感染，因此处理病犬及其尸体时要注意自我保护。

（6）犬细小病毒病

犬细小病毒病是犬细小病毒引起的犬的一种急性传染病。以出血性肠炎或非化脓性心肌炎为其主要特征，多发生于幼犬。

本病的症状有两型，即肠炎型和心肌炎型。肠炎型潜伏期约7～14天。一般先呕吐后腹泻，粪便先黄色或灰黄色，有多量黏液和假膜，而后粪便呈番茄汁样，带有血液，发出特殊难闻的腥臭味。病犬精神差，没有食欲，体温升至40℃以上（也有体温不升高的），并迅速脱水。也有的呈间歇性腹泻或排软便。心肌炎型病犬脉快而弱，呼吸困难，可视黏膜苍白。听诊心脏可听到杂音。

防治措施：本病无特效的治疗方法。一般多采用对症疗法和支持疗法。注射抗生素并配合输液治疗。接种疫苗可以有效地防止该病的发生。

（7）皮肤病

夏天约40%的犬易得皮肤病。皮肤病一般是由体表寄生虫（跳蚤、虱、螨虫）、真菌、细菌感染、过敏或其他疾病引起。另外还有代谢性皮肤病、湿疹等，其中因螨虫真菌引起的皮肤病比较顽固。皮肤病一般症状：脱毛、掉毛、断毛。多因犬皮毛瘙痒而抓、咬、磨患处引起感染。造成局部皮肤出现斑点、丘疹结、脓疱、风疹、水泡等。继发损伤出现鳞屑、痂片、瘢痕、糜烂、溃疡、表皮脱落、苔藓化、角化表皮红疹。

防治措施：对化脓、发炎的皮肤用过氧化氰消毒，在患处涂抗生素软膏、消炎膏，如红霉素软膏、醋酸去炎松、无极膏等。如果是真菌引起的，涂上克雷唑、酶克、癣净、达克宁软膏。螨虫引起的，涂硫软膏。同时，要注意保持宠物的卫生。

（8）犬胃肠炎

胃肠炎是胃肠道黏膜的炎症。主要症状是腹泻、腹痛、呕吐、发热和毒血症。其严重程度因病因和疾病的不同阶段而有所不同。病轻的主要表现为消化不良及粪便带黏液。严重时出现持续而剧烈的腹痛，腹壁紧张，触诊时疼痛。病犬经常卧于凉的地面或以胸骨支于地面，后躯高起。当以胃、小肠炎症为主时，口腔干燥、灼热，眼结膜黄染，频频呕吐，有时呕吐物中混有血液。大肠（尤其是结肠）炎时，剧烈腹泻，粪便恶臭，混有血液、黏液、黏膜或脓。病的后期，肛门松弛，排便失禁或呈里急后重现象。肠音初期增强，后减弱或消失。体温升高（40℃～41℃以上），可视黏膜发绀，眼球下陷，皮肤弹力差，尿量减少。濒死期体温降低，四肢厥冷，陷入昏迷，最终死亡。

防治措施：注意宠物犬的饮食卫生。患胃肠炎要加强饲养管理，除去病因，清理胃肠，保护胃肠黏膜，维护心脏机能，预防脱水和自体中毒。病初禁食24小时，然后喂一些流质食物，如菜汤、肉汤、粥等；当胃肠内容物腐败、发酵产物较多时，可喂花生油或液状石蜡等缓泻剂；呕吐剧烈时肌肉注射氯丙嗪每千克体重1～3毫克；消炎可用庆大霉素肌注或内服，或内服诺氟沙星和呋喃唑酮等。

此外，一些犬类因为品种的不同，也会患不同种类的疾病，如贵宾犬易患泪腺炎、外耳炎、骨折；米格鲁小猎犬容易患外耳炎、真菌炎、瞬膜炎。

2. 猫的五大传染疾病

很多人都喜欢养猫，但对猫的传染病不太了解。下面介绍一下猫的五大传染疾病。

（1）猫白血病

该病是由猫白血病毒所引起的白细胞减少症。在猫所有的传染病媒中，猫白血病病毒是传染性最高的一种，与患猫接触一次即可传染此症。其临床症状包括：体重下降、贫血、发烧、齿龈炎、下痢等。由于程度不同，诊断非常困难，必须借助血液检查来判断。猫白血病模式与人类艾滋病毒类似，均会引发免疫抑制作用，并导致淋巴瘤、血癌、贫血、肾功能不全等，此病毒也能以静止状态在猫的骨髓中潜伏数年后再发病。虽然幼猫对此病较为敏感，但此病却能感染任何年龄、品种及性别的猫。

（2）猫披衣菌肺炎

由鹦鹉披衣菌所引发的高传染性疾病，主要造成猫的肺炎。初期显现的临床症状为结膜炎，之后则伴随有发烧，严重的流泪，而且眼分泌物会变成脓状。亦会出现鼻炎症状，包括鼻分泌物增加、打喷嚏、鼻蓄脓等，后期的临床症状为化脓性肺炎，会因气管和肺泡内的分泌物过多而造成呼吸困难及肺水肿。全部病程约持续 30 天。在感染后 30 日以上，仍可在病猫的结膜和肺发现此病菌，故病猫即使痊愈亦会持续传染病菌。

（3）猫瘟

由猫小病毒引起的泛白细胞减少症，传染性极高，毁灭性也极高，该病一般以接触传染为主，亦可经由吸血昆虫或蚤类传染，幼猫最易感染此症。临床症状为厌食、抑郁、精神极差、高烧、持续性呕吐、深褐色血痢，最后因白细胞数急剧减少及出血性肠炎造成脱水和失血而死亡，死亡率约为 25% ~ 75%。本病毒十分顽强，甚至会穿过胎盘传染给幼猫。

（4）猫卡里西病

猫卡里西病毒主要侵犯猫的上呼吸道，造成支气管性肺炎或肺泡性肺炎。临床症状有口舌部溃疡、发烧、抑郁、厌食、打喷嚏、流口水、眼和鼻分泌物增多、肺炎等，与猫鼻气管炎的症状相当类似，临床上很难区分。病程约 1 ~ 4 周；感染率高但死亡率不一，最高可达 30%。15 周龄至 6 月龄的幼猫若感染此病，则会呈现病毒性肺炎，因呼吸困难而死；有些则出现神经症状。

（5）猫鼻气管炎

由猫疱疹病毒所引起的高传染性上呼吸道疾病，猫常发此病。一般以

接触或飞沫传染为主，主要的临床症状有高烧、抑郁、咳嗽、打喷嚏、眼睛畏光、结膜炎，以及角膜、舌、口等部位溃伤，故可见水液性眼分泌物及鼻分泌物大量增加，继发性的细菌感染使分泌物变成黏液脓样，分泌物会传染病毒。怀孕母猫若感染此病，则病毒会经胎盘感染胎儿，甚至造成流产。

对于以上猫的五大传染病的预防方法有：猫和人一样，在出生的第一个月内对传染源最敏感。新生幼猫通常从母猫的乳汁得到抗体而获保护，所以母猫应在生产前先做疫苗免疫。当母猫乳汁中的抗体消退后，为持续并增强对疾病的抵抗力，应在幼猫接近 8 周龄开始施予一系列的预防接种直到 4 月龄，然后则以每年一次的防疫注射来持续预防。

相关链接

养狗的几大误区

误区一：频繁给狗洗澡，发现狗出现瘙痒等毛病就洗得更勤。

解答：1～2 周洗澡一次比较适宜。人的皮肤偏酸性，而狗的皮肤偏碱性，与人类皮肤的结构、质地完全不同，比人的皮肤薄得多，频繁洗澡会破坏它的天然保护油脂，造成多种皮肤病。

误区二：我们全家最宠狗，我们吃什么，就给它吃什么。

解答：长期用人的食物喂狗，实际上是害不是爱。人类食品的营养成分并不完全符合犬类的成长需求。狗在餐桌旁等着主人的食物，会给它养成坏习惯，反而影响正常饮食，而且人类的很多美味对狗都有危害。

误区三：人的洗浴用品效果那么好，肯定也适合狗。

解答：由于人类和狗的皮肤酸碱度不同，人用的洗涤品会使狗的皮肤干燥、老化和脱毛，应用宠物专用香波。如所在地实在买不到，可选用人用中性洗发水，且必须是无香精和无除头皮屑功能的产品，可以选择温和的婴儿沐浴液。一旦出现瘙痒或红疹，应立即停用。

误区四：动物肝脏营养丰富，狗也爱吃，索性让它吃个够。

解答：肝含多种营养成分，其独特的腥味为犬所喜爱。但长期吃肝脏会导致肥胖、皮肤瘙痒、维生素 A 中毒、缺钙、出血、产后抽搐，非常危险。

误区五：我家狗最乖，不带它出门，它能长时间憋住大小便。

解答：狗不喜欢在自己的活动范围内排泄，这是它的天性，但并不等于对它的健康有利。应训练它养成在卫生间大小便的习惯，或是给它足够的机会出门排泄，但应注意主动清理排泄物。成年狗憋尿时间不应超过 10 小时，长期憋尿会导致泌尿系统的多种疾病，给狗带来莫大的痛苦。

误区六：我家狗常啃大棒骨，喝骨头汤，肯定不缺钙。

解答：日常生活中煮的骨头汤，其成分主要是骨髓，而骨髓中绝大部分是脂肪，喝骨头汤补充的不是钙，而主要是脂肪。狗吃骨头也不能保证它不缺钙。母犬分娩时，钙的消耗极大，而肉骨头所含的钙不能保证吸收良好。幼犬消化力弱，不能吃骨头。成年狗缺钙表现为烦躁、潮热、易骨折、懒跑动，症状和人类相似。补钙通常可用钙粉、钙磷片甚至钙针，或遵医嘱。

误区七：宠物医院都是骗钱的，自己在家找点人吃的药给狗治病没问题。

解答：狗与人的身体差异很大，很多人类的灵丹妙药在狗身上会引起致命的过敏反应。不同品种的狗，这只狗和那只狗之间的身体情况都各不相同，且用量很难把握。更何况外行的眼睛观察到的症状往往不准确或流于表面，因此擅自用药风险极大，应到可靠的医院让兽医诊断，并对症治疗。

误区八：让狗自由恋爱、生育，是对它们的爱和尊重。

解答：在目前并不宽松的大环境下，控制宠物数量是使现有家养动物获得幸福的有效途径之一。盲目地让狗繁殖，狗宝宝的幸福无法保证。有些主人让狗自由择偶，甚至狗爸爸是谁都不知道，这样生出来的小狗性格、体型都很难预测，给主人造成困难，也减少了它得到疼爱的机会。更何况不同体型的狗交配后，可能因胎儿过大给妈妈带来难产的危险。

误区九：不让幼狗吃饱，免得长得太大，显得不好玩或上不了户口。

解答：体型是由品种决定的，饮食不是决定性因素。吃不饱的狗不仅会停止生长，而且会营养不良，抵抗力下降而疾病缠身，甚至会有生命危险。幼犬应该少食多餐，如果在最重要的发育期不能得到必需的营养，狗会终生与病弱为伴。

第二节　室内植物与环保和健康

室内摆放植物的好处

选择几种合适的绿色植物在你的窗台、阳台、案头、床头等地方摆放，你会发现你的居室一下子变得亮丽起来。它们美丽的形态、鲜嫩的颜色和勃勃的生机会给你的生活添上一抹亮色。那么室内摆放植物有哪些好

室内应适当摆放绿色植物

处呢?

1. 赏心悦目,陶冶情操。

研究表明,如果绿色在视野中占据 25%,能有效缓解眼睛的疲劳症状。所以室内摆放绿色植物不仅起到了装饰居室的作用,还创造了良好的室内环境,令人赏心悦目;在满足人们心理要求的同时,还可以使人紧绷的神经得到放松。

2. 调适情绪。

家庭种植的植物大多以花卉为主。这些植物,尤其是芳香类植物释放出来的挥发性物质,对人的情绪有很好的调节作用。有些花卉散发出来的香味能改变人们无精打采的状态,振奋精神,还有一些则有镇静助眠的作用。

3. 释放氧气。

大多数植物都是在白天进行光合作用，吸收二氧化碳，并释放出氧气，在夜间则进行呼吸作用，吸收氧气，释放二氧化碳。但也有一些如仙人掌科的植物却恰恰相反，白天为避免水分丧失，会关闭气孔，白天光合作用所产生的氧气在夜间气孔打开后才放出，使室内空气中的负离子浓度增加，所以像这种植物可以放置在卧室。既然仙人掌科的植物跟其他白天释放氧气的植物有这种"互补"功能，那么将两类植物同养一室，就可以平衡室内氧气和二氧化碳的含量，保持室内空气清新。

4. 调节空气湿度。

植物在生长过程中，不仅根部会吸收水分，还会利用叶片吸收空气中的水分。当室内空气中的水分被植物吸收后，经过叶片的蒸腾作用向空气中散发，便起到调节空气湿度的作用。在干燥的北方和使用空调的密闭房间里，这个功能显得尤为重要，而且你可以明显感觉到室内有绿色植物和没有绿色植物的差别。

5. 吸毒杀菌，净化空气。

随着生活水平的提高，居室装修越来越被人们所重视，然而那些装修材料或多或少都含有有毒物质。有些花卉抗毒能力强，能吸收空气中某些有毒气体，如二氧化硫、氮氧化物、甲醛、氯化氢等。有些观叶植物还有吸附放射性物质的功效。有些花卉散发的挥发油具有显著的杀菌功能，能使室内空气清洁卫生。

室内适合放什么植物

卧室其实是人们待的时间最长的地方，因为人的睡眠时间就占了一天时间的很大一部分，所以，卧室空气的质量直接关系到人们身体的健康。很多人都有这样的误区：凡是绿色植物都能释放出氧气，所以应该在卧室内多放置几盆绿色植物。殊不知，大部分植物是在白天进行光合作用，放出氧气，在夜间则吸收氧气放出二氧化碳，只有很小部分的植物才会在夜间释放氧气。

所以如果选择不当的话，不仅起不到相应的作用，还会起反作用，出现植物跟人争氧的现象，这大大不利于人们的健康。另外，有些植物释放出的气体是可以帮助睡眠的，有些则不利于睡眠。因此，选择卧室摆放的植物时一定要慎重。

仙人球类植物——金琥

仙人球是卧室摆放植物的首选。它又被称为夜间"氧吧"。仙人球呼吸多在晚上比较凉爽、潮湿的环境进行，呼吸时，吸入二氧化碳，释放出氧气。所以，在卧室放置像金琥这样一个庞然大物，无异于增添了一个空气清新器，能净化室内空气，是夜间摆设室内的理想花卉。别小看仙人球，它还是吸附灰尘的高手呢！在床头放置一个仙人球，特别是水培仙人球（因为水培仙人球更清洁环保），不仅可以制造氧气，还可以起到净化环境的作用，防止人体吸入大量的浮尘。

艾草、丁香、茉莉、玫瑰、紫罗兰、田菊、薄荷，这些植物可使人放松，

有利于睡眠，可以放在卧室内。但要注意卧室内的植物放置不宜过多。同时香味浓烈的植物最好不要放在卧室内，以免影响睡眠质量。

室内不宜摆放的植物

大多数人在选择室内植物时，可能过于注重花卉的美观作用，而忽视了它本身的功能。有几种花卉最好不要摆放在室内，因为它们本身就属于有毒植物。常见的有毒花卉有：

夜来香，在夜间停止光合作用，排出大量废气，对人体健康不利。长期将其摆放在客厅或卧室内，会引起人头昏、咳嗽，甚至气喘、失眠。

郁金香，具有很高观赏价值，是风靡全球的名花之一。但花中含有毒碱，人在花丛中呆上两小时就会头昏脑涨，出现中毒症状，严重者会有毛发脱落现象。

夹竹桃，每年春、夏、秋三季开花，观赏价值较高。其叶、皮、花、果中均含有一种叫竹桃菌的剧毒物质，若接触过多容易诱发呼吸道、消化系统的癌症。新鲜树皮的毒性比叶强，干燥后毒性减弱，花的毒性较弱。它分泌的乳白色汁液含有一种夹竹桃苷，误食会中毒。

水仙花，雅号"凌波仙子"，是我国十大名花之一，很多人都喜欢养。但它的植株内含有对人体有毒的石蒜碱。花和叶的汁液能使皮肤红肿，特别当心不要把这种汁液弄到眼睛里去。误食会引起呕吐、腹泻、手脚发冷、休克，严重时可因中枢神经麻醉而死亡。其鳞茎内含有拉丁可毒素，误食后会引起呕吐、肠炎。

杜鹃花，又叫映山红。黄色杜鹃的植株和花均含有毒素，误食后会引起中毒。白色杜鹃的花中含有四环二萜类毒素，中毒后引起呕吐、呼吸困难等症状。

一品红，又名圣诞花。一品红临冬季节娇艳的红色苞片特别诱人，又称墨西哥红叶。但其全株有毒，其白色乳汁刺激皮肤产生红肿，引起过敏性反应，误食茎、叶有中毒死亡的危险。

马蹄莲，花有毒，内含有大量草本钙结晶和生物碱等，误食则会引起昏迷等中毒症状。

虞美人，又叫丽春花。全株有毒，内含有毒生物碱，尤以果实毒性最大。误食后会引起中枢神经系统中毒，严重的还可能有生命危险。

白花曼陀罗，原产于印度，近年来我国各地均有栽培，植株有毒，果实有剧毒。

有毒的曼陀罗

五色梅，花、叶均有毒，误食后会引起腹泻、发烧等。

花叶万年青，绿色的叶片上有白色或黄色斑点，色调鲜明，是良好的室内观叶盆栽植物。花、叶内含有草酸和天门冬毒，误食后则会引起口腔、咽、喉、食道、胃肠肿痛，甚至伤害声带，使人变哑。

南天竹，又名天竹，全株有毒，主要含天竹碱、天竹苷等，误食后会引起全身抽搐、痉挛、昏迷等中毒症状。

含羞草，内有含羞草碱，接触过多会引起眉毛稀疏、毛发变黄，严重者还会引起毛发脱落。

飞燕草，又名萝卜花，全株有毒，种子毒性更大，主要含有匝生物碱，误食后会引起神经系统中毒，重则会导致痉挛、呼吸衰竭而死。

紫藤，种子与茎皮均有毒。种子内含金雀花碱，误食后会引起呕吐、腹泻，严重者则会导致语言障碍、口鼻出血、手脚发冷，甚至休克死亡。

麦仙翁，夏季开花，全株有剧毒。它的适应性很强，能自播繁殖，生长旺盛。切勿用手触摸。

此外过于浓艳刺目、有异味或香味过浓的植物都不宜放置在室内。花香大多有益健康，但有一些植物香味过于浓烈，如夜来香等，人们长时间处于这种强烈气味的包围中，难免有损健康；即使是对于水仙、玫瑰之类的著名香花，时间一长，特别是睡眠时呼吸这些气息，也会令人不舒服。

因此，尽量不要选择在室内摆放这些有毒植物，如果要摆放的话，一定要放在比较安全的位置，以防人们由于触碰或者误食而发生中毒事件。

相关链接

可吸收装修污染的花草

随着人们生活水平的提高，对家庭居住环境的要求也越来越高，家庭装修越来越豪华舒适，但是人们却对装修后室内空气污染大为苦恼。据2005年3月11日中国室内装饰协会公布的调查数据显示，室内环境污染监测工作委员会对上千户新装修家庭的空气检测中，有60%以上的室内甲醛、苯、三氯乙烯等有害气体严重超标。长期吸入这些有害物质，会对身体造成很大伤害。

房屋装修后要充分通风、除味，这早已是共识。但有关专家提出，在通风、除味后，最好在家中摆放一些绿色植物，以便起到长期净化空气的作用。装修后，可在居室内摆放一些抗污染的花草，也能起到"空气净化器"的作用。用绿色植物布置装饰室内环境，建设"绿色家庭"，是消除室内化学污染、提高居室环境质量、提高居住舒适度的有效途径。那么究竟哪几种绿色植物能够起到这样的作用呢？

芦 荟

　　可以吸收甲醛的绿色植物有：芦荟、吊兰。据测试，在 24 小时照明的条件下，芦荟吸收了 1 立方米空气中所含的 90% 的甲醛；吊兰能吸收 86% 的甲醛。尤其是新装修的家庭，可以在室内各个房间放置几盆芦荟或吊兰，这样可以大大减轻空气中甲醛的污染。

　　可以吸收苯的绿色植物：常青藤、波士顿蕨、散尾葵。常春藤能让空气中 90% 的苯消失。成天与油漆、涂料打交道者，应该在工作场所放至少一盆蕨类植物，因为它可以吸收其中的苯类物质。另外，它还可以抑制电脑显示器和打印机释放的二甲苯和甲苯。散尾葵每天可以蒸发 1 升水，是最好的天然"加湿器"。此外，它绿色的棕榈叶对二甲苯有十分有效的净化作用。

此外，雏菊、万年青、四季秋海棠等可以有效消除室内的三氯乙烯污染。月季是蔷薇科蔷薇属木本花卉，据试验，它对二氧化硫、硫化氢、氟化氢、苯、苯酚、乙醚等对人体有害的气体具有很强的吸收能力，对二氧化硫、硫化氢、氯气、二氧化氮也具有相当强的抵抗能力，也是抗空气污染的理想花卉。杜鹃、紫薇、栀子花等都能起到净化空气的作用。

附：二十条节约、环保好习惯

1. 空调冬 18℃ 夏 26℃　全国节电上亿度

冬季的空调温度调至 18℃ 或以下。如您感觉有些寒冷可以多加件衣服，如此简单的举措就可以节约电力，从而减少燃煤发电排放出的二氧化碳等温室气体，减缓气候变暖。

夏季的空调温度调至 26℃ 或以上。大城市的空调负荷约占盛夏最大供电负荷的 40%～50%，将空调的温度从 22℃～24℃ 提高到 26℃～28℃，可以降低 10%～15% 的电力负荷，减少 4 亿～6 亿度以上的耗电量。

人在夏天出些汗是有利于健康的，能增强新陈代谢、调节内分泌功能，并促进自身免疫。

2. 多坐公交和地铁　既省能源又便捷

请大家尽量乘坐公交车出行，公交车可以用较少的能源运送较多的人。一条行车道如果供私家车使用，每小时最多只能通过 700 辆车，2000 人左右，但是如果该车道专供快速公交车使用，却可以运送 15000 人左右。

3. 在外就餐不铺张　省了打包省钞票

有调查表明，中国现在普通餐馆一桌饭菜一般至少会剩下 10% 甚至更多，一家餐馆平均每天就要倒掉 50 公斤剩饭菜。据统计中国一年在餐桌上的浪费就高达 600 亿元。只要适量点菜就可以避免浪费，省去打包也省了钞票。

4. 两面用纸处处省　省纸就是护森林

纸张浪费现象在政府机关及一些企事业单位极其惊人。纸的生产主要来自木材，节约纸张就是在保护森林。中国每年流失废纸 600 万吨，相当于浪费森林资源 200 万亩，节约纸张最简单的办法就是双面使用。

5. 灯泡换成节能灯　用电能省近八成

家中的普通灯泡换为节能灯泡，并且要购买经过"国家节能产品认证"的产品，您可以通过是否印有"节"字标志来判断。在相同光通量条件下，节能灯比白炽灯可节约电能80％。用于购买节能灯的费用，在8～10个月的电费节余中就可以收回。

6. 无人房间灯不亮　人走灯灭成习惯

很多人喜欢让房子灯火通明，很多政府喜欢搞亮化工程，或许我们不在乎每月多出的10元、20元的费用，但是这种行为却在加剧能源紧张，将促使国家建设更多火电站污染环境和建设水电站破坏生态。

7. 垃圾分类不乱扔　回收利用好再生

在垃圾中，约50％是生物性有机物，约30％～40％具有可回收再利用价值。2000年，中国产生的六大可回收的废物量分别为：废钢铁4150万～4300万吨、废有色金属100万～120万吨、废橡胶85万～92万吨、废塑料230万～250万吨、废玻璃1040万吨、废纸1000万～1500万吨。目前我国每年可利用而未得到利用的废弃物的价值达250亿元，约有300万吨废钢铁、600万吨废纸未得到回收利用。废塑料的回收率不到3％，橡胶的回收率为31％。仅每年扔掉的60多亿只废干电池就含7万多吨锌、10万吨二氧化锰。

8. 买菜挎篮提布袋　重复使用无数次

塑料袋已经占到白色垃圾的"半壁江山"，塑料袋成为主要污染源。热爱环保的人们请主动行动起来，使用布袋、菜篮替代一次性塑料袋，减少城市白色污染。

9. 马桶水箱放块砖　省水好用特合算

现在抽水马桶已经成为居民生活的必需品，往往一家三口每个月要为马桶付出10吨左右的水。不论在水箱中放块砖或是装满水的可乐瓶，都可以减少每次用水量，节约用水以缓解紧张的淡水资源。

10. 洗菜洗脸多用盆　废水拖地或冲厕

洗脸、洗菜避免长流水就可以节约大量水资源，并且使用完后将水用桶存放，用于拖地、冲厕所，这是一个节约、环保的好习惯，能节约大量水资源。

11. 节能电器仔细挑　省钱才是硬指标

2005 年 3 月 1 日起，我国对冰箱和空调率先实施"能效标志"制度。"能效标志"粘贴在冰箱和空调上，按能效从高到低分为五个等级。注意别搞错了，一级为能效最高最节能的。请广大消费者认清"能效标志"，选购节能家电。

12. 不用电器断电源　节电 10% 能看见

家庭和办公室内的各种电器，如电视、电脑等，请在不使用时关掉电源。在待机状态下，电视机待机功率 8.07 瓦，空调 3.47 瓦，电脑显示器 7.69 瓦，PC 主机 35.07 瓦，抽油烟机 6.06 瓦。关掉电源这一小小的举动既可以帮您节省电费，又能保护环境。

13. 买车重选经济型　不求面子重节能

如果您打算购买私家车，那么就请选购小排量耗油低的车型吧，它最大的优点就是节约能耗。当然，我们非常希望您能够加入公交车族，因为现在各大城市中的机动车保有量已经接近饱和。

预测到 2020 年我国一半的石油都要靠进口，石油的价格还在不断攀升，这已威胁到了国防安全。国家已出台《乘用车燃料消耗量限值》标准，限制高耗油车型出厂。作为普通的消费者，请您将燃油效率高的轿车作为首选。

14. 出差自备洗漱品　巾单少换省资源

到欧美国家旅行，常常要被提醒带上一把牙刷，甚至"带上一把牙刷"在某种意义上就被理解成"旅行"。但在中国，一次性牙刷却是宾馆旅店的"标准配备"，不带牙刷就出门旅行，是许多国人的旅行习惯。然而，一次性牙刷是由很难回收的单色聚苯乙烯制成的，大量即用即弃的一次性牙刷已经成了烙痛环境温床的砂粒。经不完全统计，目前——

我国旅客平均每天要消耗一次性牙刷 104 万支，即每天产生废旧单色聚苯乙烯 5 吨；

每年要消耗一次性牙刷 3.8 亿支，即每年产生废旧单色聚苯乙烯 1800 吨。

生产这些一次性牙刷需要 7600 万元，回收这些单色聚苯乙烯需要 1000 万元。

这样，我们每年就要为这些一次性牙刷耗费 8600 万元，由此造成了巨大的资源浪费以及环保压力。

关注环保，关注公益，是我们的共同追求。为减少"白色污染"，保护地球母亲，尊敬的旅客们，我们向你们呼吁：带一支牙刷去旅行！同时，我们也呼吁众多的宾馆、酒店管理人员，在向旅客提供一次性牙刷的时候，请向他们宣传节俭的理念，为环境保护作出自己力所能及的贡献。

在家时我们的被单往往数月才洗一次，但是在外住宾馆，很多人却是每天要求更换被单、毛巾，工作人员会毫无怨言地拿去洗涤，但是这无形中造成了巨大浪费，其实我们完全可以省去这些浪费。

15. 多走楼梯练身体　少用电梯少用电

请六层以下的住户或商户上下楼时走楼梯，既节约能源，又锻炼身体。有关数字表明，写字楼电梯耗能占总耗能的比例为 8%，酒店电梯耗能占总耗能的比例为 10%。

16. 夏天西装应少穿　不打领带为省电

城市白领族在炎热夏天依然穿西装领带，办公室不得不开启大功率空调，为什么不让自己活得轻松点呢？T 恤休闲装会让客户感觉更亲和，如果不是出席特殊场合，减少衣服就可以调高空调设置温度，减少空调耗能以省电。

17. 处处不让水长流　年百亿吨水不漏

一滴水，微不足道，但是不停地滴起来，数量就很可观了。据测定，"滴水"在 1 个小时里可以集到 3.6 千克水；1 个月可集到 2.6 吨水。这些水量足可以供给一个人的生活所需。可见，一点一滴的浪费都是不应该的。至于连续成线的小水流，每小时可集水 17 千克，每月可集水 12 吨；哗哗响的"大流水"，每小时可集水 670 千克，每月可集水 482 吨。所以，节约用水要从点滴做起。

随手关掉水龙头，发现漏水要尽快维修，中国每年因为水龙头漏水就漏掉数百亿吨宝贵淡水。

18. 岗位工作高效率　重复劳动浪费多

一些国家在夏天为减少使用空调，已经开始实行 4 天工作制，但是每天工作 12 小时，这种制度非常人性化且高效，但是我们的很多政府机关冷气开得很大，岗位却常常空着，人在阳台上吸烟，工作效率低下。这种低效的工作效率导致大量能源的浪费，办公室冷气一直开着，电灯、电脑也一直开着，到处都在损耗着宝贵的资源。

19. 轿车每周停一天　缓解堵塞省能源

2006 年 6 月 5 日，北京环保局在北京高调宣传每月少开一天车。这一天北京有 20 万辆车没有上路，虽然对于道路拥堵、空气污染缓解有限，但是这是一个好的开始。很多官员、企业家都是一个人坐着一辆车上下班，导致交通大量拥堵，空气污浊，少开一天车可以缓解交通压力，并节约能源。

20. 路见浪费勤制止　身边节约大可为

节约需要人人参与，每个人看到不良社会行为要敢于提出自己的观点，呼吁关注节约环保。毕竟我们浪费的是祖宗留下的宝贵资源，浪费的是子孙生活的宝贵资源。